"十一五"国家重点图书出版规划项目
陕西科学技术厅资助出版
科技部农业科技成果转化资金项目(2011GB2G000006)
陕西省商务厅2012年东桑西移专项资金项目(陕商发〔2012〕209号)
安康学院学术著作出版基金项目

21世纪
科技与社会发展丛书
(第六辑)
丛书主编 徐冠华

陕西省蚕桑质量技术标准

陈正余 /主编

科学出版社
北京

内 容 简 介

本书全面、系统地阐述了蚕桑生产质量管理过程的质量控制指标，从生产实际入手，通过深入系统的研究和生产经验的总结，制订了44项蚕桑质量技术标准，形成了完整的蚕桑技术体系，对蚕桑生产具有十分重要的应用价值和指导意义。

本书可供蚕桑科教学、生产、推广、服务、质量检验、质量监察单位的专业技术人员和行政管理人员，以及广大蚕农阅读参考。

图书在版编目(CIP)数据

陕西省蚕桑质量技术标准/陈正余主编．—北京：科学出版社，2012.10
（21世纪科技与社会发展丛书）
ISBN 978-7-03-035686-4

Ⅰ.①陕… Ⅱ.①陈… Ⅲ.①蚕桑生产-质量标准-陕西省 Ⅳ.①S88-65

中国版本图书馆CIP数据核字（2012）第230460号

丛书策划：胡升华 侯俊琳
责任编辑：邹 聪 程 凤／责任校对：宋玲玲
责任印制：徐晓晨／封面设计：黄华斌
编辑部电话：010-64035853
E-mail：houjunlin@ mail. sciencep. com

科学出版社出版
北京东黄城根北街16号
邮政编码：100717
http://www.sciencep.com
北京凌奇印刷有限责任公司印刷
科学出版社发行 各地新华书店经销
*
2012年10月第 一 版 开本：B5（720×1000）
2019年 2 月第四次印刷 印张：14 1/4
字数：270 000
定价：68.00元
（如有印装质量问题，我社负责调换）

《陕西省蚕桑质量技术标准》

编委会

总　　序

进入21世纪，经济全球化的浪潮风起云涌，世界科技进步突飞猛进，国际政治、军事形势变幻莫测，文化间的冲突与交融日渐凸显，生态、环境危机更加严峻，所有这些构成了新世纪最鲜明的时代特征。在这种形势下，一个国家和地区的经济社会发展问题也随之超越了地域、时间、领域的局限，国际的、国内的、当前的、未来的、经济的、科技的、环境的等各类相关因素之间的冲突与吸纳、融合与排斥、重叠与挤压，构成了一幅错综复杂的图景。软科学为从根本上解决经济社会发展问题提供了良方。

软科学一词最早源于英国出版的《科学的科学》一书。日本则是最早使用"软科学"名称的国家。尽管目前国内外专家学者对软科学有着不同的称谓，但其基本指向都是通过综合性的知识体系、思维工具和分析方法，研究人类面临的复杂经济社会系统，为各种类型及各个层次的决策提供科学依据。它注重从政治、经济、科技、文化、环境等各个社会环节的内在联系中发现客观规律，寻求解决问题的途径和方案。世界各国，特别是西方发达国家，都高度重视软科学研究和决策咨询。软科学的广泛应用，在相当程度上改善和提升了发达国家的战略决策水平、公共管理水平，促进了其经济社会的发展。

在我国，自十一届三中全会以来，面对改革开放的新形势和新科技革命的机遇与挑战，党中央大力号召全党和全国人民解放思想、实事求是，提倡尊重知识、尊重人才，积极推进决策民主化、科学化。1986年，国家科委在北京召开全国软科学研究工作座谈会，时任国务院副总理的万里代表党中央、国务院到会讲话，第一次把软科学研究提到为我国政治体制改革服务的高度。1988年、1990年，党中央、国务院进一步发出"大力发展软科学"、"加强软科学研究"的号召。此后，我国软科学研究工作体系逐步完善，理论和方法不断创新，软科学事业有了蓬勃发展。2003～2005年的国家中长期科学和技术发展规划战略研究，是新世纪我国规模最大的一次软科学研究，也是最为成功的软科学研究之一，集中体现了党中央、国务院坚持决策科学化、民主化的执政理念。规划领导小组组长温家宝总理反复强调，必须坚持科学化、民主化的原则，最广泛地听取和吸收科学家的意见和建议。在国务院领导下，科技部会同有关部门实现跨部门、跨行业、跨学科联合研究，广泛吸纳各方意见和建议，提出我国中长期科技发展总体思路、目标、任务和重点领域，为规划未来15年科技发展蓝图做出了突出贡献。

在党的正确方针政策指引下，我国地方软科学管理和研究机构如雨后春笋般大量涌现。大多数省、自治区、直辖市政府，已将机关职能部门的政策研究室等机构扩展成独立的软科学研究机构，使地方政府所属的软科学研究机构达到一定程度的专业化和规模化，并从组织上确立了软科学研究在地方政府管理、决策程序和体制中的地位。与此同时，大批咨询机构相继成立，由自然科学和社会科学工作者及管理工作者等组成的省市科技顾问团，成为地方政府的最高咨询机构。以科技专业学会为基础组成的咨询机构也非常活跃，它们不仅承担国家、部门和地区重大决策问题研究，还面向企业提供工程咨询、技术咨询、管理咨询、市场预测及各种培训等。这些研究机构的迅速壮大，为我国地方软科学事业的发展铺设了道路。

软科学研究成果是具有潜在经济社会效益的宝贵财富。希望“21世纪科技与社会发展丛书”的出版发行，能够带动软科学的深入研究，为新世纪我国经济社会的发展做出积极贡献。

徐冠华

2009年2月21日

第六辑序

近年来，软科学作为一门立足实践、面向决策的新兴学科，在科学技术飞速发展和经济全球化的今天，越来越受到社会各界的广泛关注，已经成为中国公共管理学科乃至整个社会科学研究领域一个极为重要且富有活力的部分。当前，面对国际政治经济形势的急剧变化和复杂局面，我国各级政府将面临诸多改革与发展的种种问题，需要分析研究、需要正确决策，这就需要软科学研究的有力支撑。

陕西科教实力位居全国前列，拥有丰富的知识和科技资源。利用好这一知识资源优势发展陕西经济，构建和谐社会，并将一个经济欠发达的省份建设成西部强省，一直是历届陕西省委、省政府关注的重要工作。在全省上下深入学习科学发展观之际，面对当前国际金融危机，如何更好地集成科技资源，提升创新能力，通过建立产、学、研、用合作互动机制，促进结构调整和产业升级，推动经济社会发展，是全省科技工作者需要为之努力奋斗的目标。软科学研究者更是要发挥科学决策的参谋助手作用，为实现科技强省献计献策。

陕西省的软科学研究工作始于 1990 年，在国内第一批建立了软科学研究计划管理体系，成立了陕西省软科学研究机构。多年来，通过理论与实践的结合，政府决策和专家学者咨询的融合，陕西省软科学研究以加快陕西改革与发展为导向，从全省经济社会发展的重大问题出发，组织、引导专家学者综合运用自然科学、社会科学和工程技术等多门类、多学科知识，开展战略研究、规划研究、政策研究、科学决策研究、重大项目可行性论证等，取得了一批高水平的研究成果，为各级政府和管理部门提供了决策支撑和参考。

为了更好地展示这些研究成果，近年来，陕西省科技厅先后编辑出版了《陕西软科学研究 2006》、《陕西软科学研究 2008》，受到了省内广大软科学研究工作者的广泛关注和一致好评。为了进一步扩大我省软科学研究成果的交流，促进应用，自 2009 年起，陕西省科技厅资助出版“21 世纪科技与社会发展丛书”。该丛书第六辑汇集了我省近一年来优秀软科学成果专著 10 部，对于该丛书的出版，我感到非常高兴，相信丛书的出版发行，对于扩大软科学研究成果的影响，凝聚软科学研究人才，多出有价值、高质量的软科学研究成果，有效发挥软科学研究在区域科技、经济、社会发展中的咨询和参谋作用，不断提升我省软科学研究水平具有重要意义。

感谢各位专家学者对丛书的贡献，感谢科学出版社的大力支持。衷心希望陕西涌现出更多的在全国有影响的软科学研究专家和研究成果。祝愿丛书得到更为广泛的关注，越办越好。

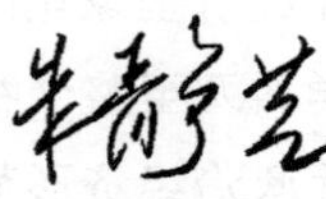

2012 年 9 月

序

随着我国农业和农村经济发展进入新阶段，农业标准化问题已被提到重要的议事日程上。温家宝总理指出，优势农产品的标准化建设是现代农业的一个重要标志。回良玉副总理在首次全国农业标准化工作会议上强调，没有农业的标准化就没有农业的现代化。因此，各级政府和农业部门都把农业标准化工作确立为当前和今后一个时期农业和农村经济工作的重点和切入点。蚕桑业是我国农业生产中最为古老的传统产业之一，茧丝绸又是我国的优势农产品。陕西是丝绸之路最为重要的发源地，是向世界传播中国丝绸文化的重要起点，蚕桑是陕西的古老传统产业，具有5000余年的悠久历史。但目前蚕桑的绝大部分生产过程仍然沿袭较为传统的方式，存在生产劳动强度大、经营分散、管理粗放、效益不高等问题，如何改变和解决蚕桑生产中存在的这些问题，一直是蚕业界广大科技工作者思考和热议的话题。实施标准化应该是一条十分有效的途径，引导蚕业生产实施、推广标准化，从某种意义上来说是一种法定的要求，同时也是蚕桑产业发展、提升行业竞争力的需要。为了贯彻执行国务院发布的《兽药管理条例》，进一步加强对蚕药的质量监督管理，确保用药安全、有效，以适应蚕药生产发展的需要，长期在生产第一线从事蚕桑科研、教学、生产、推广和管理工作并具有深厚的理论基础和实践经验，享受国务院政府特殊津贴专家、陕西省杰出的学科带头人、安康市蚕桑技术推广工作站副站长陈正余研究员，组织科研、教学、生产、推广、管理单位的相关专家和技术人员，对历年陕西生产的蚕药品种、处方、生产工艺、疗效及检验方法进行全面试验、考核、复核和修订，开展蚕药质量标准研究，制定了27个蚕药质量标准；同时还组织科研人员从生产实际入手，通过深入系统的研究和总结生产经验，采用理论与实践紧密结合的方法，制定了既有独立性又有联系性的17项蚕桑标准，从而形成了完整的蚕桑技术体系，在此基础上形成了《陕西省蚕桑质量技术标准》。它吸取了教学、科研、生产、推广中的实践经验和新技术的先进性，该标准内容全面、结构合理、层次分明、语言精练，不仅符合国家法律、法规及产业政策需要，而且具有前瞻性的学术思想和很强的科学性、实用性及可操作性，对生产具有十分重要的应用价值和指导意义。

陈正余研究员主编的这本《陕西省蚕桑质量技术标准》，全面系统地阐述了蚕桑生产质量管理过程的质量控制指标。读了该书我深有感触，认为该书是陕西省蚕桑产业及蚕药生产、检验、供应、使用，以及管理部门监督、检查蚕药产品质量的依据，是广大科研工作者深入学习的好教材。特作此序，祝贺它的出版，希望读者能从书中学到知识，并能学以致用，为蚕桑产业的健康发展作出新的贡献。

西北农林科技大学教授、副
校长，陕西省蚕学会理事长

2012 年 5 月 8 日

前　言

科学技术是第一生产力，是社会发展不可缺少的动力。蚕桑产业是种植业和养殖业的有机结合，是产业链条长、工艺复杂的劳动密集型产业。由于产业结构的调整和比较效益的下降，传统、分散、粗放的经营模式已成为制约产业发展的瓶颈。为了发挥资源优势，转变生产模式，促进标准化、集约化生产，解决蚕桑生产劳动强度大、经营分散、管理粗放、效益不高的问题，提高蚕桑质量效益，增加产品的市场竞争力，增强产业发展的后劲，我们组织科研、教学、生产、推广单位的专家和科技工作者开展蚕桑质量标准研究。在陕西省科学技术厅、农业厅、质量技术监督局、兽药监察所、蚕桑研究所、园艺蚕桑站，安康市科学技术局、质量技术监督局、林业局、财政局、安康学院、蚕桑研究所、蚕桑站，以及各县区蚕桑技术推广站的大力支持和编写人员的共同努力下，本书得以顺利完成。

本书共三个部分，介绍了44项蚕桑质量标准（主要包括11项陕西省蚕桑地方质量标准，6项安康市蚕桑地方质量标准，27项陕西省蚕药地方质量标准），从桑树苗木繁育、分级、栽培管理、病虫害防治到蚕种的出库催青、准备、饲育、消毒防病、小蚕共育、省力化养蚕、优良蔟具使用，以及蚕药品种、生产工艺、处方、疗效及检验方法等方面进行了全面、系统的阐述。

本书在起草编写过程中，参考了《中国桑树栽培学》、《中国养蚕学》、《家蚕良种繁育与育种学》、《桑树栽培与育种学》、《蚕病图鉴与防治要法》、《图说蚕桑病虫害防治》、《规范化栽桑省力化养蚕配套技术》、《商务部“东桑西移”工程蚕桑基地项目建设技术规范参考指南2006年》等有关技术资料，得到了西北农林科技大学钱永华教授的指导和安康市科学技术局李春庆局长、质量技术监督局吕光伟局长、财政局何邦军局长、林业局李本增局长、安康学院王兴林院长等有关部门领导及业界同人的大力支持，在此一并表示感谢。

由于编者水平有限，书中难免出现疏漏之处，恳切希望广大读者多提宝贵意见和建议。

陈正余

2012年5月8日

目　　录

第一部分　陕西省蚕桑地方质量标准

DB61

陕 西 省 地 方 标 准

DB61/T388.1—2007

桑树种苗繁育技术规程

2007-03-30 发布　　2007-03-30 实施

陕西省质量技术监督局　发布

前　言

本标准由陕西省农业厅提出并归口管理。

本标准由安康市蚕桑技术推广工作站、石泉县蚕桑发展局负责起草。

本标准主要起草人：黎道云、陈正余、石友玉。

本标准由安康市林业局负责解释。

1. 范围

本标准规定了桑树种子繁育、嫁接育苗技术。
本标准适用于桑苗生产和经营。

2. 规范性引用文件

下列标准中的条款通过引用而成为本标准的部分条款。凡是注明日期的引用文件，其随后所有的修改单（不包括勘误的内容）均不适用于本标准。然而鼓励本标准达成协议的各方研究是否可使用这些文件的最新版本。凡不注明日期的引用文件，其最新版本适用于本标准。

DB61/T388.2　桑树苗木分级贮运标准

3. 繁育技术

3.1　种子育苗

3.1.1　桑籽采收

3.1.1.1　时间　5月上、中、下旬。

3.1.1.2　要求　桑葚果肉饱满，紫黑色，有光泽，味甜。

3.1.1.3　方法　选择良种，健壮桑树，用手采或打落地面。随采随淘洗，防止霉变。

3.2　淘洗和处理

3.2.1　方法

把桑果倒入盆内，用手轻轻揉搓或用脚踏，使果肉和种子分离。然后用盛满清水的盆或缸，上面架一个筛子，把踏烂的桑果酱放在筛上，一面揉搓，一面冲水，使种子和部分果肉都落漏到盆内，用清水漂去果肉和浮子，即得鲜黄褐色的种子。

3.2.2　鲜种处理

淘好的新鲜桑籽薄摊在风凉处阴干。厚度3cm，每2h翻动1次，防止霉变。

贮藏桑籽，含水率<2%。

3.2.3 桑籽贮藏

3.2.3.1 缸储法 生石灰与桑籽的重量比为1∶1，或干木灰与种子等量储藏，缸的上部留1/3空隙，用薄膜或黏土、石蜡密封缸口。

3.2.3.2 冷藏法 0～5℃温度冷藏，封紧袋口。

3.3 苗圃整地

3.3.1 苗圃地的选择

3.3.1.1 应选择近水源、不积水，土地平整、排灌方便，日照充足、通风良好、管理方便的地方。土质肥沃疏松的沙质土壤或壤土，土壤pH为6～7。不宜连作，不宜在桑萎缩病、青枯病严重的地区建立苗圃。

3.3.1.2 苗圃地的整理

（1）深耕：深20cm左右。应按本标准“3.5.5 防虫”方法进行土壤消毒和毒饵诱杀害虫处理。

（2）施基肥：每667m^2施腐熟厩肥5000kg。

（3）整苗床：苗床要求地平土细，土壤潮湿。在多雨或灌溉方便地区作高畦式苗床，畦面高出畦沟20cm，苗床宽130cm，畦边留30cm宽的过道。干燥或灌溉条件差的地区作平畦或低畦式苗床，低畦的畦面比畦埂低20cm，畦埂基部宽26cm，畦面宽130cm。

3.4 播种

3.4.1 发芽率测定

在培养皿中垫3层吸水纸用水浸湿。随机抽取桑籽样品4组，每组100粒，平排于吸水纸上，放在28～32℃的温室（或恒温箱）中，并保持湿润，一周后即可计算发芽率。

$$种子发芽率=\frac{发芽粒数}{供试种子粒数}\times 100\%$$

3.4.2 催芽

把桑籽装进布袋，放在清水中浸泡24小时，滤干后铺在盆里，种子上盖湿布，每天用清水洗2次，洗后滤干，放在28℃温度中催芽，到种子露出白芽时，用细沙拌匀播种。

3.4.3 时期

春、夏、秋三季播种。春播是在4月中下旬，地下5cm处地温20℃时播种；夏播在5月中下旬采种后立即播种；秋播在7月底到8月初播种。

3.4.4 播种量

桑籽发芽率在80%以上，春季点播用种0.35kg/667m^2；夏播用种0.5kg/667m^2；秋播用种1.25kg/667m^2。

3.4.5 方法

3.4.5.1 *形式* 条播按33cm宽开播种沟。点播按行距33cm，株距17cm挖播种窝。广秧苗采取撒播。

3.4.5.2 *方法* 每1kg种子用5kg细沙或细土拌匀，均匀撒在条播沟内或点播窝内。

3.4.5.3 *复土* 播种后，用扫帚轻扫，盖上一层细薄土。

3.4.5.4 *盖草* 用豆壳、麦糠、谷壳等材料，每667m^{2}需100kg。用麦草、稻草的每667m^{2}需150kg。

3.5 苗圃管理

3.5.1 灌溉、排水

种子发芽前，每日傍晚洒水一次，发芽后如遇天气干旱，每天早晚各浇水1次。如遇连阴雨天，每天排水2次。

3.5.2 揭草

当桑苗幼芽出土2片子叶展开时，在傍晚揭掉盖草。

3.5.3 间苗、定苗

第一次间苗在苗高3cm时进行，株距3cm。第二次间苗在苗高6.5cm时进行，株距8cm。在苗高8cm时定苗。条播按株距13cm留苗，每667m^2 15 000株。点播每窝留1株壮苗，搞好松土锄草工作。广秧苗除间去拥挤的小苗外，可不间苗，每667m^{2}留苗15万株。

3.5.4 施肥

第一次间苗后每667m^{2}施入发酵后的有机肥100kg或无机肥2.5kg，每

100kg有机肥加水800kg，或尿素2.5kg加水1500kg。第二次间苗后，每667m^2施入有机肥150kg，每100kg有机肥加水200kg，或尿素5kg加水100kg。苗高33cm时，每667m^2施入有机肥250kg，每100kg有机肥中加水50kg，或尿素10kg加水1500kg，最后一次施肥在8月上旬结束。

3.5.5 防虫

苗圃地内的害虫可用毒饵诱杀。配制方法：用90%敌百虫100g溶于1.5～2kg热水中，加炒过的麸皮或豆饼10kg拌匀，在傍晚撒在畦面上诱杀害虫。发生桑磺、桑螟等害虫时，用80%敌敌畏1000倍药液喷杀。

3.6 苗木出圃

按DB61/388－2标准规定执行。

4. 嫁接育苗

4.1 袋接

4.1.1 选砧木

选择根系完整、生长健壮、无病虫害、基部端正、地径0.4～0.8cm的一年生实生苗作砧木。

4.1.2 采接穗

时间：嫁接前20天树液开始流动之前，在2月下旬至3月上旬。

数量：接1万株桑苗，需接穗80～100kg。要求品种纯正、冬芽饱满、穗条充实、无病虫害、直径0.8～1.0cm。

贮藏：将穗条25kg捆成一捆，放在地下室、地窖、土窑洞贮存。贮藏时，在室内先铺一层15cm厚的干沙或干细土，将穗条的基部竖埋在干沙或干细土里，再把稻草竖在周围防止干燥。冷库贮藏温度保持5℃，湿度70%。

4.1.3 嫁接

时间：2月下旬至4月上旬树液开始流动，皮色转青，桑芽膨大。

4.1.3.1 削接穗 选择冬芽饱满健壮完整，一个穗头四刀削成，第一刀在芽反面下方1cm处，削成3cm左右马耳形斜面；第二刀将削面前端过长部分削去；第三、第四刀顺着削面左右向下斜削，使先端部分两面露青，最后在芽的上方1cm处剪下穗头，要求削面平滑，先端正三面露青，舌头宽窄适当，尖端皮层不可与木质部脱离。

4.1.3.2 剪砧木 扒开砧木周围泥土，深 5cm，使根部露出，然后在根茎下方没有侧根处，用桑剪剪成 45°斜面，呈马蹄形，砧木较小的，斜面应大，要求剪口平滑，皮层不破。

4.1.3.3 插接穗 砧木剪好后，用手将砧木皮部捏开成袋状，将接穗的斜面对着砧木皮层缓缓插入、插紧，皮层不破。

4.1.3.4 壅土 接穗插好后，用手将泥土捏细，双手把细土壅在接穗插口的两边，轻轻压实，勿碰动接穗头。然后用细土埋没接穗头 1cm。

4.1.3.5 管理 接穗脱落或露出土面，要补接和重新壅好，及时除去砧木上的芽。嫁接苗长到 8cm 高时，施淡水粪或化肥水一次，以后酌情施肥 3 次，做好抗旱、防虫、除草等工作。

4.2 广秧接（倒袋接）

4.2.1 砧木培育

与广秧育苗相同。

4.2.2 采接穗

穗条应随采随用，保持新鲜。

4.2.3 嫁接方法

4.2.3.1 剪接穗 将穗条 2～3 个芽剪成一段，上端刀口在芽上方 2.5cm 处剪成平面，顶端的芽和斜面的尖端要在一条直线上。

4.2.3.2 削砧木 将粗细适中无病虫害的广秧苗在根颈部上方 0.5cm 处斜削一刀，使斜面呈光滑的马耳形。

4.2.3.3 插砧根 将砧木的斜面对着接穗捏开的皮层部插进去，使砧木与接穗紧密结合，接好的桑苗放入盆内，用湿布盖好。

4.2.3.4 埋苗 在整好的苗床上，每隔 33cm 挖一条宽 17cm、深 20cm 的沟，将嫁接桑苗按 15cm 的株距，斜排于沟壁一侧，接穗上端芽朝上，舒展桑根，然后盖土，复土埋没接穗头 1cm，密度按 2.5 万株/667cm^2。

4.2.4 苗圃管理

防止土表板结，利用桑芽破土开叶。干旱时浇水保苗，雨后及时排除积水。生长期施肥 2～3 次，以有机肥为主，加入 1%尿素。8 月底以后不宜再施肥。桑苗生长季节要做好除草松土、沟系整理、防病治虫、清茬等管护工作。春、夏蚕期不用叶，中秋蚕期可使用少部分成熟叶。

4.3 芽接法

4.3.1 简易芽接

芽接时期：3月下旬至4月下旬，砧木萌发新芽为最佳适期（6～8月也可进行）。

砧木准备：地径在0.6cm以上实生苗或多年生枝条。

4.3.1.1 **划袋口** 在砧木预定部位选择树皮光滑平顺处，用芽接刀横切一弧形切口，切断皮层，不伤木质部，与切口反向轻搬砧木苗杆，使切口皮层与木质部裂开，呈弧形袋口。

4.3.1.2 **取芽片** 选择穗条上健壮饱满未萌动的芽，第一刀削去芽下叶痕粗糙突起部分，使芽片背面平滑；第二刀在芽的下方1cm处横切一刀，深达木质部，取芽的大小根据袋口大小决定；第三刀用刀尖由芽的顶端轻轻嵌入穗芽与枝条之间，在芽基处接触皮部，然后刀口斜向木质部，切断芽基皮部，并立即将刀口放平，推刀向下，达到第二刀处，切取有3个芽点的芽片。

4.3.1.3 **插芽片** 取下的芽片，贴于芽接刀片上，并推向刀尖以芽片的腹面向袋口皮层，深插入砧木袋口，只露出芽尖，并用桑皮或薄膜条包扎紧，芽尖露出，松紧适度。待接芽萌发成活后距接芽上方5cm处剪断砧木。

4.3.2 锯桩芽接

时间：3～4月进行。

工具：手锯、桑剪、电工刀、小起子、削芽刀、芽片夹等。

4.3.2.1 **锯桩、切口** 锯桩的高度依所留树形确定，矮干桑在距地面33cm处（或根茎上部），高干桑在距地面100cm高处锯截，锯后用小刀把桩口削成馒头状，在树桩边缘每隔3cm纵切一个长2.5cm的接口，深达木质部。

4.3.2.2 **削芽片** 选良种枝条中下部健壮饱满的冬芽做接芽。芽片分三刀削成，第一刀削去穗芽叶痕的凸起部分；第二刀在芽下部1cm处横切皮层；第三刀从芽与枝之间向第二刀切口处平削，取下芽片。芽片要有明显的三个芽点，保持芽点清洁，随削随接。

4.3.2.3 **插接芽** 在锯树桩纵切接口皮层处用两个小起子从两边撬起，用竹夹夹住芽片，削面朝向皮层轻轻插入，只露芽尖。

4.3.2.4 **捆接口** 接完一株树，用桑皮或麻皮将接口捆紧，再用小块塑料膜包住接口（应留空隙），顶端割两个通气孔。

4.3.2.5 **管理** 芽苞显青后，去掉塑料膜。随新芽的生长，做好除砧芽、固新枝、施肥防虫、合理采叶、剪枝定干等。

DB61

陕西省地方标准

DB61/T388.2—2007

桑树苗木分级贮运标准

2007-03-30 发布　　2007-03-30 实施

陕西省质量技术监督局　发布

前　言

本标准由陕西省农业厅提出并归口管理。

本标准由安康市蚕桑技术推广工作站、石泉县蚕桑发展局负责起草。

本标准主要起草人：黎道云、陈正余、陈子培。

本标准由安康市林业局负责解释。

1. 范围

本标准规定了桑树苗木出圃、分级、检验、检疫、贮藏、包装、运输技术。

本标准适用于桑苗生产、购销、调运。

2. 规范性引用文件

下列文件的条款通过本标准引用而成为本标准的部分条款。凡是注明日期的引用文件，其随后所有的修改单（不包括勘误的内容）均不适用于本标准。然而鼓励本标准达成协议的各方研究是否可使用这些文件的最新版本。凡不注明日期的引用文件，其最新版本适用于本标准。

DB61/T378—2006　主要造林树种苗木分级标准

3. 出圃

3.1 时间

起苗（又叫挖苗）在桑苗落叶后至土壤封冻之前，或在春季土壤解冻后至树液流动之前进行。

3.2 要求

3.2.1 根系

保留根系长度在20cm以上，减少根系损伤。

3.2.2 防止失水

苗木出圃，不能在太阳下久晒，以防失水。

4. 分级

4.1 苗木等级

桑树苗木分为播种苗和嫁接苗，分级标准按表1规定执行。

表1 桑树苗木分级标准

苗木种类	苗龄/年	等级	地径/cm (>)	苗高/cm (>)	根系		综合指标	Ⅰ、Ⅱ级苗木百分率/%	适用范围	用途
					长度/cm (>)	5cm长1级侧根数/个				
播种苗	0～1	Ⅰ级	0.60	80	25	8	充分木质化	75	陕北	造林
			0.80	85	25	8	充分木质化	75	关中、陕南	造林
		Ⅱ级	0.40～0.60	60～80	20	5	充分木质化	75	陕北	造林
			0.60～0.80	65～85	20	5	充分木质化	75	关中、陕南	造林
		Ⅲ级	0.30～0.40	40～60	15	2	半木质化		全省	袋接育苗
		Ⅳ级	0.20～0.30	20～40	10～15	0	半木质化		全省	广秧育苗贴根
嫁接苗	0～1(2)	Ⅰ级	0.80	85	25	8	充分木质化	80	全省	造林
		Ⅱ级	0.60～0.80	60～85	20	5	充分木质化	80	全省	造林

注：此表参照DB61/T378—2006 主要造林树种苗木分级标准。

4.2 质量鉴定

4.2.1 苗根

根部肥大充实、色泽鲜黄，根系完整无损伤。

4.2.2 苗茎

苗干充实无侧枝，上下粗细均匀（接口上5cm）。

4.2.3 冬芽

苗根基部80cm以内冬芽饱满、无病虫害。

5. 假植

5.1 地块选择

排水良好，避风向阳。

5.2　挖假植沟

宽 35cm，深 50cm，沟边一侧成 45°斜坡。

5.3　桑苗排放

将桑苗排放在假植沟的斜坡上，理直苗根，用细泥地壅埋踏实，防止根部干燥和发霉。

5.4　假植要求

把苗干的 1/3 埋在土里，苗根密接泥土、不留空隙。

6. 检疫

桑苗调运，应按照国家植物检疫规定办理检疫手续。凡感染有桑黄化型萎缩病、青枯病、紫纹羽病、根结线虫病、桑橙瘿蚊、桑螨、美国白蛾等检疫性病虫桑苗不得调运，发现后立即烧毁。

7. 包装

7.1　打捆

按苗木级别，分 50 株、100 株或 200 株一捆、条稍截至 50cm 长，条稍与根部各半对放，外用稻草、草席或塑料薄膜包扎。

7.2　保湿

如运输时间长，可在苗根垫上苔藓或湿草等保湿材料。

7.3　标签

每捆内外挂上标签，写明产苗单位、桑树品名、等级、数量、运送地点等。

8. 运输

8.1 要求

苗木快装、快运，避免重压、日晒、风吹、霜冻。

8.2 检查

苗木运到目的地，立即检查，及时栽植或假植。

DB61

陕 西 省 地 方 标 准

DB61/T388.3—2007

桑树栽培管理技术规程

2007-03-30 发布　　2007-03-30 实施

陕西省质量技术监督局　发布

前　　言

本标准由陕西省农业厅提出并归口管理。

本标准由安康市蚕桑技术推广工作站、石泉县蚕桑发展局负责起草。

本标准主要起草人：黎道云、陈正余、陈文秀。

本标准由安康市林业局负责解释。

1. 范围

本标准规定了每 667m^2 产桑叶 1800～2500kg 的丰产桑园建立、桑树栽植、树型养成、桑叶收获、桑园施肥、管理技术。

本标准适用于桑树的栽培管理。

2. 规范性引用文件

下列标准中的条款通过引用而成为本标准的部分条款。凡是注明日期的引用文件，其随后所有的修改单（不包括勘误的内容）均不适用于本标准。然而鼓励本标准达成协议的各方研究是否可使用这些文件的最新版本。凡不注明日期的引用文件，其最新版本适用于本标准。

DB61/T388.4　桑树病虫害防治技术规程

3. 术语和定义

低干桑：主干和支干的总高度在 40～60cm 的桑树。

4. 桑树栽培技术

4.1　建园

4.1.1　地址选择

选择坡度较缓，远离工厂、无污染的地方。

4.1.2　土质条件

土壤含盐量＜2%，有机质含量＞15%，pH 为 4.5～9。

4.1.3　气候条件

年日照 2100h 左右；年≥10℃活动积温持续 210 天以上，年有效积温 4600℃左右；年无霜期 220 天；年降水量 1000mm 左右。

4.1.4 规划

桑园应集中连片栽植，避免“粮桑、棉桑”混作。

4.1.5 品种选择

选择叶质好、丰产型、抗逆性强的桑品种。早、中、晚生桑品种搭配。建园采用嫁接苗栽植。

4.1.5.1 在川道、水、肥、光照条件较好的河滩平地适宜栽植优质丰产性桑树品种。

4.1.5.2 在浅山丘陵和高山寒冷、干旱、瘠薄土壤（四边栽桑）栽植抗病性强和耐瘠薄的中晚生桑品种（如荷叶白）。

4.1.5.3 在萎缩病、褐斑病发生较多地块栽植桐乡青桑品种。

4.2 栽植形式与密度

4.2.1 栽植时间

在桑苗落叶至土壤封冻、土壤解冻至桑苗发芽前栽植。以桑苗落叶至土壤封冻前栽植为宜。

4.2.2 栽植形式

宽行距、窄株距的形式栽植。

4.2.3 栽植密度

栽植密度按表1的规定执行。各蚕区根据地理条件合理选择栽植密度。

表1 桑园栽植密度标准

桑园类型	条件要求	树型养成	桑拳高度/m	密度株/667m²	行距×株距/m×m	适用范围
普通桑园	宽行、密株或宽窄行栽植	低干	0.8	800	2×0.33	关中、陕南
			0.6	1000	1.33×0.5	关中、陕南
		中低干	1.2	400	2×0.55	陕北
			1.0	600	2×0.5	陕北、关中
速成丰产密植桑园	良种壮苗密植，土壤肥沃、排灌方便，肥培管理好	低干	0.6	1000	1.33×0.5	陕南
			0.5	1200	1.5×0.3	陕南
			0.4	1500	1.2×0.3	陕南

4.3 栽植技术

4.3.1 苗木处理

4.3.1.1 严格执行国家植物检疫法，严防栽植带有桑螨、萎缩病、紫纹羽病、青枯病、根结线虫病、桑橙瘿蚊、美国白蛾等检疫对象的桑苗。

4.3.1.2 按品种、苗木分类栽植。过长的主根或伤根、发霉根要求修剪后再栽。

4.3.1.3 消毒处理 先用竹片刮去附着在根茎上的害虫卵，再用波美 3 度的石硫合剂或 500 倍多菌灵浸根 10min。

4.3.2 栽植要求

选栽根系发达、苗木新鲜、冬芽饱满、无病虫害的桑苗。开挖宽 40cm、深 40cm的栽植沟。沟底每 667m^2 施纯氮（N）24kg、磷（P）12kg、钾（K）31.5kg，肥料上面撒细土后定植桑苗，壅土踏实。定植时要拉线定点、株型整齐、株距相等、深浅一致。栽植深度为 20cm，栽植时扶正苗干，伸展根系，踩紧踏实，培土成馒头形。干旱时每 10 天浇 1 次水。

4.4 树形养成

低干桑应加强全年各个季节桑园管理，尤其肥料要充分。第一年随桑苗栽植后，春季发芽前离地面 20cm 处剪定，养成主干，新芽长至离地 25～30cm 时疏芽，每株选留生长健壮位置匀称、整齐的新芽三个，分期进行摘心，促使发叉，其余芽疏去，养成 3 根第一支干；第二年春季发芽前，离地面 40～50cm 处剪定，养成第二支干，发芽后每根条上选留新芽 3 个，其余芽全部疏去，每株留条 8～10 根，成园后每 667m^2 有效条 8000 根以上，每 667m^2 条长 10 000m 以上，即养成低干树形；第三年春季发芽前离地面 65～80cm 处剪定，养成第三支干，发芽后每根条上选留芽 3 个，每株养成 27 根条，第三年起以后每年夏伐或春伐都在枝条基部剪伐，按成年桑采伐培管，即养成有拳式中低干树形。

4.5 桑叶收获

4.5.1 产量预测

收获桑叶时作好产量预测，解决好采叶和养树之间的矛盾。

4.5.2 摘芯

春季在5龄蚕用叶前10天，将桑树生长芽的顶芯摘去。

4.5.3 采叶

全年各期蚕均可采用，春蚕前期采三眠叶、5龄期采新稍叶。夏蚕期利用夏伐后的疏芽叶养蚕。最后一期秋蚕应摘叶留柄，枝条顶端留叶3～5片。

5. 桑园管理技术

5.1 桑园施肥

5.1.1 施肥量

按土壤肥力中等条件标准，全年每667m² 用N 45.1kg、P 18.0kg、K 22.5kg。有机肥（如人、畜粪）每吨含N 4.8kg、P 2.7kg、K 4.3kg，化学肥料按标注的N、P、K含量使用。桑树各生长阶段施肥量见表2。

表2 桑园施肥时期及施肥量标准（kg/667m²）

时期 施肥量	春　肥	夏　肥	秋　肥	冬　肥
品　种	解冻后至发芽前	6月下旬	8月上中旬	落叶后至封冻前
N	9.0	20.3	6.8	9.0
P	3.6	8.1	2.7	3.6
K	4.5	10.1	3.4	4.5

5.1.2 根外施肥

在桑树生长期，因天气干旱或缺肥时，可喷施N肥，浓度为0.5%的纯氮，每667m² 使用纯氮0.5～0.75kg。每隔5～10天喷施一次，可连喷施2～3次。

5.2 修剪

5.2.1 剪梢

11月中旬至12月中旬，立冬前后进行，将枝条梢端剪去2/5，桑树呈馒头状。实生桑和多倍体桑剪去枝条1/3，每个枝条留冬芽不超过20个。

5.2.2 整枝

5.2.2.1 时间 在冬季树液停止流动后进行。

5.2.2.2 方法 锯除树体上的死拳、枯桩，剪去病虫害枝和细侧枝，剪下来的死拳、枯桩集中烧毁。

5.2.2.3 绑扎 整枝后的枝条，用稻草或龙须草拧成粗绳进行捆扎，将挽好的草疙瘩放在树杈上，以矫正树型和诱杀越冬害虫，春暖时解绳，收集烧毁。

5.2.3 刷白

先用小刀或竹片轻轻刮去寄生在主干、枝条上的害虫体病斑，收集烧毁；再用波美 4 度的石硫合剂喷洒树干枝条；最后用 5kg 新鲜石灰粉，加水 30kg，加食盐 0.25kg 配成石灰乳，均匀地涂刷在桑树主干和拳上。

5.3 桑园耕耘

桑园每年耕翻两次。冬耕在桑树落叶休眠后，土地封冻前进行，先施冬肥，然后深翻土壤，深度 15～25cm。夏耕在桑树剪伐后立即进行，深度 10～15cm，结合除草进行。

5.4 除草

5.4.1 除草时间

春季在桑树发芽前视桑园杂草生长情况除草 1～2 次，夏伐后及时除草 1～2 次，秋季在杂草开花结实前除净杂草。

5.4.2 化学除草

夏季在幼草期，使用草甘膦或芽草枯等除草剂喷于杂草茎叶进行除草。避免降雨前后或有露水使用。使用化学除草剂每年不超过一次。参照 DB61/T388.4 标准规定执行。

5.5 灌溉和排水

桑树干旱季节，桑园田间持水量＜50％时就要灌溉。在连阴雨时要及时排水降渍。

5.6 桑园沟系

桑园内墒沟、腰沟、中心沟组成的三级沟系，必须沟沟相通，级差分明，能排能灌。沟系开挖可视土壤质地而定，沙壤土宜浅，黏壤土宜深。要求墒沟面宽25～30cm，底宽15～20cm，深度30cm；腰沟面宽40～50cm，底宽20～25cm，深度50cm；中心沟面宽80cm，底宽50cm，深度90～100cm。腰沟畦长<50m设置二条，畦长>50m增开一条。中心沟上游深度90cm，下游深度100cm。

5.7 桑树病虫害防治

按DB61/T388.4标准规定执行。

6. 低产桑园改造

6.1 加强管理

合理用叶，恢复树势，提高桑叶产量、质量。

6.2 补植加密

对栽植过稀、缺株过多或不成树型的采用补苗、压条补植的方法增株增条。

6.3 增拳增条

树型受限，单株拳少条少，可提高夏伐培养新拳，见空补拳，横伏枝条的办法来增拳增条。

6.4 老树更新

树势衰败或枝干残缺不全的，采用春伐复壮，截干更新，或套栽换树的办法进行老树更新。

6.5　嫁接换种

主干已坏但根部良好的老桑树或实生桑，可用锯桩芽接、挖根接、根刈等办法嫁接换种。

DB61

陕 西 省 地 方 标 准

DB61/T388.4—2007

桑树病虫害防治技术规程

2007-03-30 发布　　　　2007-03-30 实施

陕西省质量技术监督局　发布

前　言

本标准由陕西省农业厅提出并归口管理。

本标准由安康市蚕桑技术推广工作站、石泉县蚕桑发展局负责起草。

本标准主要起草人：黎道云、陈正余、张会香。

本标准由安康市林业局负责解释。

1. 范围

本标准规定了桑树病虫防治的基本原则、桑园病虫害预测预报、综合防治、桑药使用的技术方法及蚕中毒事故的预防和相关防治技术。

本技术规程适用于栽桑养蚕地区的桑树病虫害防治。

2. 规范性引用文件

下列文件中的条款通过本标准的引用而成为本标准的条款。凡是注日期的引用文件，其随后所有的修改单（不包括勘误的内容）或修订版均不适用于本部分，然而，鼓励根据本部分达成协议的各方研究是否可使用这些文件的最新版本。凡是不注日期的引用文件，其最新版本适用于本部分。

商务部“东桑西移”工程蚕桑基地项目建设技术规范参考指南（2006年）

3. 术语和定义

3.1 桑药

桑药指一类用于桑园有害生物防治且对养蚕安全的农药的总称，主要包括杀虫剂、杀螨剂、杀菌剂和除草剂。

3.2 桑园

桑园是以收获桑叶进行养蚕为目的，采用一定栽培管理措施后而形成的桑树群体。

3.3 防治指标

防治指标指病虫害危害给桑树造成的经济损失达到防治费用时的种群密度的数值。

3.4 残毒期

桑园施用农药后，到能安全采叶养蚕所间隔的天数，也称安全间隔期。

4. 桑园病虫害预测预报

4.1 预测预报网络

蚕桑生产达到一定规模的县（市），要建立相应的桑园病虫害测报站及测报网络。

4.2 预测方法

县（市）级桑园病虫害测报站，每年要组织 1～2 次对本辖区内灾害性病虫害的专项调查工作，每 3 年要有一次普查，对常见、暴发和难防治的桑树病虫害要进行动态监测。

预测内容包括发生期与发生量两个方面的内容。根据各病原、害虫的生活习性及生态特点，运用期距、虫蛹分级、有效积温、相关回归分析和经验公式等方法，结合运用相应的数学模型与当时当地的气象资料，开展下列预测预报活动：发生期预报（包括病虫发生始、盛、末期）、发生量预报（包括虫害有虫株率、虫口密度，病害感病指数、感病株率）、发生范围预报（包括发生面积、发生地点）、危害程度预报（以轻、中、重三级表示）等。

桑树几种主要病虫害发生规律及病害特征见附录 B。

4.2.1 取样调查

在一个县范围内，建立有代表性的测报点 3～5 个；每个测报点选取有代表性的桑园，采取五点式、对角线式、隔行跳跃式中一种方法进行取样；一块桑园选定 3～5 个重复，每个重复抽查 2～5 株桑树，调查桑树总株数应达到 20 株桑树以上。

根据各种害虫的生活习性和生态特点、各种病害的病原物生物学特性和侵染循环规律，采取相应的调查方法。

4.2.2 统计与计算

根据桑树病情虫情的年发生发展规律和近期野外调查的病情虫情信息，并结合影响桑树病虫种群数量变动的主要因子未来变化情况，采取多种比较、分析、选择的方法，对其未来发生动态做出科学准确的预测。

虫体较大（如鳞翅目）害虫以株为单位调查；微体叶部害虫（如桑蓟马）以叶片为单位调查；桑瘿蚊越冬虫口以每平方分米（深 15cm）为单位来调查，桑瘿蚊幼虫，以芽为调查单位。以各点加权平均法计算各田块害虫数量。病害一般以株为单位，计算被害百分率。

4.3 防治指标

桑树病虫害防治指标的确定，先是通过对调查对象的室内饲养或培养观察，测定平均危害量及其经济损失，调查研究当地天敌等自然控制因素，特别是优势种天敌对抑制效应的测定；进而在田间划小区选取不同的为害密度，观察记载其桑叶产量损失和品质下降情况，最后折算经济损失并联系防治成本进行统计分析求出指标数值。

综合各测报点对病虫发生量的预测，数量达到防治指标的病虫，即为需要防治的对象。

当预报的某种病虫害近期将暴发、面积有可能在50公顷以上时，应及时发布警报。

蚕种场，特别是原种场桑园，因防微工作的需要，在实际工作中，防治指标应适当低一些。

桑树部分病虫害的防治指标见附录A（表A-1）。

4.4 防治适期

根据预测预报的病虫生长发育进度（害虫还可以结合黑光灯、性诱测结果），将预测得出的害虫孵化高峰期、病害发生盛期作为防治适期，并经主管部门批准及时编发桑园病虫害预测预报报告，提出合理的防治意见，向基层发布，指导养蚕农户组织实施。

一般情况下，对桑树害虫，将鳞翅目害虫孵化达50%、桑蓟马成虫与若虫比例为1∶3、鞘翅目害虫已开始出现为害作为防治适期。

5. 综合防治措施

坚持经济、安全、有效，符合生态治理，以农业防治为主、其他防治为辅的综合防治原则。

5.1 法规防治

加强检验与检疫工作。在桑树苗木、穗条和种子等调运过程中，应按规定做好桑树危险性病虫的检验检疫工作。

5.2 农业防治

5.2.1 选栽抗病性抗虫性强的桑树品种

针对本地区常见多发病虫，选栽抗病性强的合适桑树品种。

5.2.2 培育无病虫桑苗

建立无桑黄化型萎缩病、青枯病、紫纹羽病、根结线虫病、桑橙瘿蚊、桑蟥、美国白蛾等检疫性病虫苗圃，发现后立即挖除烧毁。

5.2.3 冬翻夏耕

桑树落叶后进行冬翻，深度15～25cm；夏伐后进行夏耕，深度10～15cm。冻、晒表土层害虫。

5.2.4 加强肥水管理

增施有机质肥料，氮、磷、钾肥配合使用；四沟配套，能灌能排；增强树势，提高抗病虫能力。

5.2.5 合理修剪与伐条

春夏大批用叶后立即夏伐；冬季可进行剪梢、剪枝、修枯桩，将带有病虫的残叶与枝、梢、桩集中烧毁。

5.3 物理防治

5.3.1 人工捕杀

人工捕捉体形较大或达不到防治指标田块的害虫，采摘除去具群集性为害的幼虫或卵块。

5.3.2 食饵、灯光诱集或诱杀

利用桑虫的趋食、趋化、趋光性，用毒饵或灯光下置水容器诱杀。

5.3.3 异性诱集

利用异性活虫或活体腹部末端浸渍液或应用人工合成的性信息素，诱集或迷

向杀虫，减少雌成虫受精概率。

5.4 生物防治

利用和保护天敌生物。

5.5 化学防治

5.5.1 桑药使用的基本原则

5.5.1.1 *桑园用药的选定* 应根据防治对象、养蚕用叶期、农药在桑园使用的安全间隔期等来选用桑药及其相应的使用方法。要求选用经国家正式登记、防治效果好、对养蚕安全的农药品种；新研制的桑园用药，应进行一定范围与时间的中试；在桑园中未登记的农药品种，需要在生产上大面积使用，视其安全性和有效性再进行推广，推广前要求与农药厂家签订质量与责任合同。

5.5.1.2 *禁止在桑园使用的农药种类* 禁止使用国家禁用的农药品种；禁止使用含有沙蚕类毒素类、致病微生物类农药。安全间隔期较长的农药品种，如合成菊酯类及含有这类农药的各种复配制剂农药，在蚕期之前与之中，也要禁止在桑园中使用；必须在其他作物上使用时，要求在不污染桑园和确保养蚕安全的前提下使用。

5.5.1.3 *桑药药效的生物检测* 桑药药效的生物检测，包括对靶标的防治效果、对桑树的药害及对家蚕的安全性检测三个方面。生物检测方法见商务部“东桑西移”工程蚕桑基地项目建设技术规范参考指南（2006年）。

5.5.2 桑药防治技术

5.5.2.1 *桑园常见病害虫与农药选用* 蚕桑生产地区的技术推广应用部门，应根据当地实际情况，制定包括用药品种、用药量、用药次数、对天敌的影响及农药的轮用混用等桑园有害生物防治策略，以保证施药质量，达到经济高效、养蚕安全、对人畜和环境副作用小，并有利于有害生物抗性综合治理等目的。具体防治时，应根据有害生物，特别是病虫害预测预报结果，选用有针对性的桑药进行防治。蚕期用药，还应选择残毒期短的桑药品种，并划出稚蚕专用桑园，分片防治，确保安全采用桑叶。桑园常见病虫害化学防治选用的农药及其使用方法见附录A（表A-2）。

5.5.2.2 *桑园用药的残毒期* 应依照不同药剂的残毒期和目标病虫害的防治适期，适时用药，以确保养蚕用叶安全。桑园常用治虫药剂对家蚕的残毒期见附录 A（表 A-3）。

5.5.2.3 桑园病虫害防治年历　各县（市）要及时总结全年的桑园有害生物防治经验，形成防治年历，供生产防治使用。部分桑园病虫害防治年历见附录 A（表 A-4）。

5.5.3 蚕中毒事故的预防

5.5.3.1 农药品种选择与残毒期计算　根据害虫发生的特点，正确选择农药品种。选定用药品种后，正确计算该农药相应使用浓度的残毒期，适当提前用药。

5.5.3.2 农药质量　农药的有效成分含量与杂质含量要符合国家有关标准。严禁使用过期、失效和变质等不合格的农药品种。所选择的农药品种，用药前要进行小面积的试用，试用达标后方能大面积推广应用，并且要与供应商签订有关用药质量与责任方面的协议。

5.5.3.3 用药　桑园施药所需的喷雾器、胶管、药水桶或罐等，应做到专用。用药前，需用碱性洗衣粉清洗用药器械，然后再用清水清洗。准确配制药液，按操作规程正确操作，确保用药人员的安全，不污染邻近的桑园与作物。若有不慎发生人畜中毒，要按标签上的救护方法及时救护。用药后，立即洗净用药器械，清洗操作人员的暴露部位及衣物。

5.5.3.4 田间管理　用药后要对桑园进行合理的管理，用叶前要采叶进行试养。

5.5.3.5 其他　农田、森林、卫生和治蝗等用药，其他有毒物的废品处理和有毒物品用后的包装处理，都应在确保对家蚕与桑园安全的前提下进行。

5.5.4 桑园草害防治

5.5.4.1 草甘膦　草甘膦为内吸传导型广谱灭生性除草剂，接触到绿色组织才有杀伤作用。在杂草旺盛期，每 667m^2 使用 50～75g 有效成分，兑水 50～75kg，对杂草茎叶进行均匀定向喷雾，严防喷到桑树上。

5.5.4.2 百草枯　百草枯为速效触杀灭生性除草剂。在高温大忙季节可每 667m^2 用 20%克芜踪水剂 100～200g，兑水 75kg，对杂草茎叶进行均匀定向喷雾，严防喷到桑树上。

5.5.4.3 氟乐灵　夏播桑苗圃地，每 667m^2 可选用 48%的氟乐灵乳油 100～150g，兑水 50～60kg，均匀喷雾地表，随后用钉耙混土 35cm 深，次日播种。

附 录 A

（规范性附录）

附 表

表 A-1 桑树部分病虫害防治指标

病虫害名称	防 治 指 标
桑蓟马	200 头/桑条，或第 3～6 叶位，平均有虫≥25 头/叶
朱砂叶螨	株受害率≥20%，或 100 头/叶
桑白蚧	株受害率≥15%，或雌蚧壳≥60 个/m 条长
野蚕	1000～2000 头/667m²
桑螟	1500～3000 头/667m²
桑毛虫	800～1000 头/667m²
桑尺蠖	1000～2000 头/667m²
桑螟	1600～3000 头/667m²
桑天牛	株受害率≥10%，条受害率≥30%，成虫≥50 头/667m²
桑萎缩病	株受害率≥2%，菱纹叶蝉虫口≥1000 头/667m²
桑褐斑病	受害叶片≥20%
备注	桑大象虫、桑象虫和其他天牛类害虫，适当参照桑天牛防治指标

表 A-2 常用桑药防治对象及其使用方法

分 类	病虫害名称	药剂与浓度（用量）	使用方法
双翅目	桑瘿蚊	5%甲基异柳磷颗粒剂 或 5%噻硫磷颗粒剂 （120～150g 有效成分/667m²）	拌细土 40～50kg 均撒桑园地表后淋湿地表；
	桑叶瘿蚊	40%乐果乳油 1000 倍液 80%敌敌畏乳油 1000 倍液 40%辛硫磷乳油 1500 倍液	每代卵盛孵期，喷嫩梢芽叶
缨翅目	桑蓟马	40%乐果乳剂油 1000 倍液 80%敌敌畏乳油 1000 倍液 20%灭多威乳油 2000 倍液 48%毒死蜱乳油 2000 倍液	在若虫盛孵期前 1～2 天，常规喷雾
同翅目	菱纹叶蝉	50%乐果＋80%敌敌畏各 1000 倍液	常规喷雾
	桑虱 桑粉虱 桑白蚧	20%灭多威乳油 2000 倍液 20%亚胺硫磷乳油 1000 倍液 机油乳剂 40 倍液（夏伐前后）	常规喷雾 涂干
鳞翅目	毛虫类 野蚕 桑螟 桑螟 刺蛾类 桑尺蠖 艾枝尺蠖 斜纹夜蛾	60%双效磷乳油 1500 倍液 90%敌百虫晶体 1500 倍液 80%敌敌畏乳油 1000 倍液 20%亚胺硫磷乳油 1000 倍液 48%毒死蜱乳油 1500 倍液 40%辛硫磷乳油 1000 倍液	常规喷雾
	桑蛀虫	50%杀螟硫磷乳油 50 倍液	涂干

续表

分　类	病虫害名称	药剂与浓度（用量）	使用方法
鞘翅目	天牛类	50%杀螟硫磷乳油 50 倍液 50%稻丰散乳油 200 倍液	涂干
		磷化铝（锌）毒签	毒签插入新鲜的排泄孔中
	象虫类 桑梢小蠹虫 叶甲类 金龟子类	50%杀螟硫磷乳油 1000 倍液 80%敌敌畏乳油 1000 倍液 60%双效磷乳油 1500 倍液 48%毒死蜱乳油 1500 倍液	常规喷雾
半翅目	绿盲蝽	80%敌敌畏乳油 1000 倍液 60%敌马乳油 1500 倍液	常规喷雾
蜱螨目	螨类	20%三氯杀螨醇乳油 2000 倍液 73%克螨特乳油 3000 倍液 5%尼索朗乳剂 2000 倍液 15%哒螨酮乳油 1500 倍液	常规喷雾
植原体	桑黄化型萎缩病 桑萎缩型萎缩病	土霉素 2000μg/l 土霉素 200～500μg/l 四环素 2000μg/l	浸苗根 3h 连续喷雾树体 2～3 次 浸苗根 3h
病毒	桑花叶型萎缩病	硫脲嘧啶 100 单位 （1 克硫脲嘧啶粉溶于 40ml 氨水中，再兑水 10kg）	春季或夏伐后桑芽萌发刚显现病症时，喷 1 次；隔 10 天再喷 1 次
细菌	桑疫病	波尔多液 0.5%～0.8%液农用链霉素 100 单位液 铜铵液 0.1%液 （50g$CuSO_4$＋450ml 氨水＋50kg 水） 农用链霉素 100 单位液	在苗地发现病苗，拔除烧毁后喷布苗地； 病害发生初期及时喷药，隔 1 周再喷雾，连续 1～2 次
	桑青枯病	福尔马林 2%～4%液 有效氯制剂 0.1%液	土壤消毒，淋湿至湿润
真菌	桑里白粉病	石硫合剂波美 4～5 度 50%硫黄胶悬剂 500 倍液 40%多硫胶悬剂 800 倍液 70%甲基硫菌灵可湿性粉剂 1000 倍液 50%硫菌灵可湿性粉剂 1000 倍液 50%苯菌灵可湿性粉剂 1500 倍液 50%托布津可湿性粉剂 500 倍液 70%甲基托布津 1000 倍液	冬季喷树干、枝条 发病初期，隔 10～15 天再喷雾 1 次，连喷 2 次
	桑褐斑病	50%甲基硫菌灵悬浮剂 900 倍液 70%托布津可湿性粉剂 1000 倍液 50%苯菌灵可湿性粉剂 1500 倍液 波尔多液 0.6%～0.7% 波美 4～5 度石灰硫黄合剂	发现 20%～30%叶片上有 2～3 个芝麻粒大小斑点时喷雾，隔 10～15 天 1 次，防治 2～3 次。 秋蚕结束后全面喷雾桑园，1～2 次 春季桑树发芽前全面喷枝干，1～2 次
	桑赤锈病	25%三唑酮可湿性粉剂 1000 倍液 40%拌种灵湿性粉剂 300 倍液 45%代森铵水剂 1000 倍液	于起见期，喷雾新梢，隔 1 周再喷 1 次
	桑芽枯病	波美 4～5 度石灰硫黄合剂	喷雾桑树干
	桑菌核病	70%甲基托布津 1000 倍液 50%多菌灵 500 倍液 50%乙基托布津 800 倍液	开花期喷用，隔一周再喷一次

表 A-3　桑园常用病虫害防治药剂对家蚕的叶部残毒期

残毒期（d）	农药种类及用药剂量
0	波美0.2～0.3度石硫合剂；20型洗衣粉200倍液；磷化铝（锌）毒签；一些涂剂及土壤用药（在桑树上无内吸和不触及桑叶）
3	40%辛硫磷乳油1500倍；40%乐果1000倍
4	40%辛硫磷乳油1000倍
5	80%敌敌畏乳油1500倍；80%敌敌畏1000倍+40%辛硫磷乳油1500倍
6	80%敌敌畏乳油1000倍
7	2.5%鱼藤酮乳油800倍（高温曝晒时）；15%哒螨灵可湿性粉剂/乳油3000倍
8	60%敌马合剂（双效磷）乳油1500倍
9	20%亚胺硫磷乳油1500倍；5%尼索朗乳油2000倍
10	20%灭多威乳油2500倍；73%克螨特（国产为炔螨特）乳油3000倍
11	20%亚胺硫磷乳油1000倍
12	20%灭多威乳油1500倍
13	石硫合剂20倍；20%亚胺硫磷乳油500～800倍
14	50%杀螟硫磷乳油1000倍（夏伐）
16	90%敌百虫晶体1500倍
17	50%杀螟硫磷乳油1000倍
18	48%毒死蜱乳油1000～1500倍
19	90%敌百虫晶体1000倍
20	50%杀螟硫磷乳油1000倍
21	2.5%鱼藤酮乳油800倍（低温多雨时）
100	合成菊酯类
备注	以上残毒期只是参考数字，残毒期的长短还与气候、使用方法、厂家的加工工艺有关，具体以实测为准

表 A-4 部分桑园病虫害防治年历

<table>
<tr><th>季 节</th><th>防治对象</th><th>防治适期</th><th>农药品种</th><th>备 注</th></tr>
<tr><td rowspan="4">春季
（3～5 月）</td><td>桑象虫、桑尺蠖、桑虱、桑毛虫</td><td>4 月上旬</td><td>毒死蜱、敌百虫、乙酰甲胺磷、敌马合剂（双效磷）</td><td rowspan="2">上年秋季结束后未治虫的，早春须防治</td></tr>
<tr><td>桑赤锈病</td><td>4 月上旬</td><td>三唑酮、拌种灵</td></tr>
<tr><td>菱纹叶蝉、绿盲蝽</td><td>4 月上旬</td><td>乐果＋敌敌畏</td><td>兼治其他害虫</td></tr>
<tr><td>野蚕、桑螟、叶甲类</td><td>5 月</td><td>敌敌畏、辛硫磷</td><td>划片喷药或人工捕捉</td></tr>
<tr><td rowspan="4">夏季
（6～7 月）</td><td>桑大象虫</td><td>成虫发生期</td><td rowspan="2">乙酰甲胺磷、毒死蜱、敌敌畏＋辛硫磷杀螟硫磷</td><td>人工捕捉</td></tr>
<tr><td>桑象虫</td><td>夏伐后
（3～4 天内）</td><td>兼治其他害虫</td></tr>
<tr><td>桑白蚧</td><td>夏伐后
（1～4 天内）</td><td>洗衣粉、机油乳剂</td><td>发芽前喷或涂干</td></tr>
<tr><td>毛虫类害虫</td><td>6 月下旬</td><td>敌马合剂（双效磷）、灭多威</td><td>兼治其他害虫</td></tr>
<tr><td rowspan="9">秋季
（8～9 月）</td><td>真菌病类</td><td>8～9 月</td><td>多菌灵、托布津</td><td></td></tr>
<tr><td rowspan="2">桑橙瘿蚊</td><td>7 月中旬</td><td>甲基异柳磷
喹硫磷、辛硫磷</td><td>拌细土在桑园土表撒施</td></tr>
<tr><td>8～9 月</td><td>乐果、灭多威、敌敌畏</td><td>喷顶芽</td></tr>
<tr><td>桑蓟马</td><td rowspan="2">蚕期间隙</td><td>乐果、毒死蜱</td><td rowspan="2">喷叶片背面</td></tr>
<tr><td>红蜘蛛、其他螨类</td><td>三氯杀螨醇、克螨特哒螨灵、尼索朗</td></tr>
<tr><td>天牛类害虫
桑大象虫</td><td>7～10 月</td><td>毒签</td><td>捕捉成虫、刺杀幼虫卵粒</td></tr>
<tr><td rowspan="3">毛虫类（桑毛虫、桑尺蠖、桑螟、野蚕、桑蟥、斜纹夜蛾、艾尺蠖、黄毛虫、白毛虫等）</td><td>夏蚕上山后</td><td rowspan="2">敌马合剂（双效磷）、灭多威
亚胺硫磷、敌敌畏
乙酰甲胺磷、毒死蜱</td><td rowspan="2">9 月下旬采野蚕茧，人工捕捉幼虫或采摘群集幼虫或虫卵叶片</td></tr>
<tr><td>8 月中下旬</td></tr>
<tr><td>10 月中旬</td><td>亚胺硫磷、敌杀死
乙酰甲胺磷、毒死蜱</td><td>秋蚕用叶后治好“关门虫”减少越冬基数</td></tr>
<tr><td>冬季
（11～2 月）</td><td colspan="4">以农业防治为主：
1. 束草诱杀桑毛虫、桑尺蠖、桑螟、桑蓟马等越冬虫；
2. 重剪梢减少菱纹叶蝉卵；
3. 刮野蚕、桑蟥卵；
4. 修剪枯枝枯桩，杀灭桑象虫越冬成虫；
5. 填塞树缝裂隙治桑螟；
6. 冬耕冻杀桑橙瘿蚊休眠体、叶甲、毛虫蛹等；
7. 清扫蚕室，集杀桑螟幼虫；
8. 毒签刺杀天牛类害虫；
9. 冬耕，破坏地下害虫越冬场所；
10. 修树、清园；
11. 树体用 20%石灰浆（加一份硫黄）刷白</td></tr>
<tr><td>备注</td><td colspan="4">此表主要适合陕南蚕区，陕北、关中蚕区可以参考</td></tr>
</table>

附 录 B

桑树几种主要病虫害发生规律及病害特征
(规范性附录)

B.1 桑树萎缩病

B.1.1 **病害特征**

桑树萎缩病有黄化型和萎缩型两种，经常发生的是黄化型萎缩病。

病原物为类菌质体，无典型细胞结构，存活于活的植株体内或传毒昆虫体内。

B.1.2 **发病规律**

病原物冬季主要集中在桑树主根内越冬，经嫁接或菱纹叶蝉传播。用病株做砧木或用病枝（芽）做接穗嫁接，植株均可感染发病；菱纹叶蝉以刺吸式口器取食桑树汁液，是传播萎缩病的媒介昆虫，在田间主要是嫁接传播。

B.1.3 **发病条件**

夏伐过迟或秋叶采摘过度损伤树势，偏施或迟施氮肥使桑树枝叶柔嫩，均能使发病率增加，病情加重，夏季高温症状表现明显。

B.2 桑树褐斑病

B.2.1 **病害特征**

桑树褐斑病是桑园的重要病害，发病普遍，局部桑园病情严重。

真菌性病害，病原菌以分生孢子传播并萌芽侵入桑叶引起发病，在叶片上产生褐色斑点，发病严重时造成烂叶。

B.2.2 **侵染循环**

病原菌以菌丝在病叶内越冬，次年适温高湿时形成分生孢子盘并产生分生孢子，随风、雨传播到桑树芽叶引起发病，并不断再侵染，使病情加重。

B.2.3 **发生条件**

桑园地势低洼，栽植密度过大，田间通透性差、湿度大，天气阴雨多，空气湿度大，均有利于病害发生蔓延。

B.3 桑里白粉病、污叶病

B.3.1 **病害状况**

秋季落叶前在老叶上混合发生的两种真菌性病害，在各类型桑园严重发生。

B. 3. 2 **侵染循环**

桑里白粉病以闭囊壳在桑树枝干表面越冬，污叶病以菌丝在病叶中越冬，第二年条件适宜时侵害桑叶引起发病，并不断再侵染使病情扩展。

B. 3. 3 **发病条件**

发病最适温度 22～24℃，最适相对湿度 70％～80％。

栽植密植度大，通透性差的桑园发病重；枝条中下部老叶发病重；桑叶硬化早的品种发病重。

B. 4 桑紫纹羽病

B. 4. 1 **病害特征**

桑树根部重要的真菌性病害。病菌侵害桑树嫩根、侧根至主根，使其皮层腐烂，致桑苗在短期内死亡，致幼龄桑在 3 年内死亡，老龄桑被害可推迟几年死亡。本病菌还可侵害多种树木和农作物，尤以槐树和甘薯最易感病。

B. 4. 2 **侵染循环**

病菌以菌丝体、菌索和菌核在病根和土壤内越冬，次年春季开始活动萌发侵染桑树新根并不断蔓延。灌溉水、使用农具可使病菌在桑园内扩散传播；病苗是该病远距离传播的重要途径。

B. 4. 3 **发病条件**

沙壤土发病重；幼龄桑较老龄桑发病重，受害重，病死率高；与易感病或已感病林木邻作发病重；桑园间作甘薯、马铃薯等易感病农作物的发病重。

B. 5 根结线虫病

B. 5. 1 **病害特征**

根结线虫病是桑树一种重要的根部病害，为病原线虫侵染桑根而致。桑树感病后，根部产生大小不等的根结，使根的吸收功能逐渐丧失，最后根腐烂而全株枯死。

B. 5. 2 **生活习性**

根结线虫一年可发生 3～4 代，世代重叠现象明显，以卵、幼虫、成虫在病根、烂根或土壤中越冬，次年春季开始活动为害桑根。

B. 5. 3 **发生规律**

侵染来源是带病的根和土壤，病苗是远距离传播的主要途径，水流是近距离传播的主要媒介，带病肥料、农具有传播的作用。

最适宜在沙壤土中发生，黏土对其发生不利。

病原生长适温 11～34℃，侵染适温 20～25℃，土壤湿度在 70％有利侵染，过于潮湿或干燥不利线虫侵入。

B.6 桑象虫

B.6.1 **虫害特征**

桑象虫全年以早春食害冬芽和夏伐后食害截口以下的芽，对桑树为害最大。以成虫蛀食为害，冬芽萌发前食害冬芽，冬芽萌发后食害嫩心及叶片、叶柄；夏伐后集中在桑拳上食害新芽，严重时将桑芽全部吃光，造成“闷拳”。

B.6.2 **生活习性**

1年发生1代，以成虫在半截枝皮下化蛹穴内越冬。成虫有假死性，产卵于半干半湿的半截枝皮下，不在完全鲜活和完全枯死的半截枝产卵。幼虫孵化后在半截枝皮下蛀食，老熟后在其木质部作一椭圆形化蛹穴化蛹，蛹穴上覆盖细木丝。成虫羽化后不走出化蛹穴而在其中越冬，次年3月出穴为害。

B.7 桑毛虫

B.7.1 **虫害特征**

桑毛虫以幼虫咀食桑树芽叶，全年为害，以早春咀食冬芽为害最重。

B.7.2 **生活习性**

1年发生3～4代，以3龄幼虫在落叶及树干裂隙中结薄茧越冬，次年3月开始为害，剥食冬芽，严重影响发条数。以后咀食桑叶成大缺刻，影响夏秋叶产量。桑毛虫产卵于枝条中上部叶片背面，聚产成块，表面覆盖黄色绒毛。幼虫孵化后群集卵叶为害，取食叶肉，形成薄膜害状，此时称“窝头毛虫”，3龄后分散咀食叶片，形成大的缺刻。

B.8 桑尺蠖

B.8.1 **虫害特征**

桑尺蠖以幼虫咀食桑芽和叶片，全年为害，以早春咀食冬芽为害最严重。

B.8.2 **生活习性**

一年发生3～4代，以3～4龄幼虫在桑树枝干背风面或桑树枝干裂隙中越冬。越冬幼虫在次年2月底3月初开始为害冬芽，且喜食枝条上部饱满芽，虫口量大时，桑园大部分枝条中上部芽全部被食光，严重影响发条数。桑树发芽后继续食害桑叶，形成大的缺刻。

成虫产卵于嫩叶背面，几十粒群集一处，平铺叶背无覆盖；幼虫3龄前群集卵叶取食叶肉成薄膜害状，3龄后分散，白天栖息，斜立枝条如一小枝，夜间取食。幼虫老熟后在近主干地面或桑枝裂隙及折叶中结薄茧化蛹。

B.9 桑螟

B.9.1 虫害特征

桑螟是桑园夏秋季重要害虫，发生严重的年份，为害率达90%以上。

以幼虫吐丝连缀梢端嫩叶或折叶、叠叶后潜藏其中啃食叶肉，形成大片薄膜害状，后薄膜破裂成孔洞，称"开天窗"，虫害严重的桑园，全园枝叶破败，严重减产。

B.9.2 生活习性

1年发生4～5代，以老熟幼虫在落叶中越冬，在沙壤土桑园，幼虫也可在主干周围浅土层中越冬。成虫有趋光性，产卵于桑枝顶端嫩叶背面沿叶脉处，幼虫孵化后，吐丝连缀嫩叶或吐丝折叶潜藏其中啃食叶肉，并排泄大量粪便于叶内；幼虫老熟后，移至枝条下部老叶，吐丝折叶或叠叶潜藏其中化蛹，后有蛹叶片大多脱落在枝杈处或地面上。在高温高湿条件下发生严重，密植桑园发生严重。

B.10 桑叶螨

B.10.1 虫害特征

朱砂叶螨，属于蛛形纲蜱螨目叶螨科。以幼螨、若螨和成螨群集叶背叶脉分叉处吸食汁液。桑芽受害，全芽变红黄色并扭曲变形干枯脱落；桑叶被害，在局部正反两面产生大块红黄色斑块，同时被害部隆起畸形使叶片扭曲，桑叶因失水枯焦，不能饲蚕。

B.10.2 生活习性

1年发生19～20代，主要以雌成螨在落叶中越冬，越冬极晚，桑枝顶端只要有一片绿叶，就可继续在其中取食直至枯干脱落方进入越冬。出蛰早，2月底即可见其活动为害冬芽。活动特点是先在下部枝条的下部芽叶为害，随着气温的上升，向上部枝条上部芽叶转移为害。发生严重的年份，早春全树桑芽枯黄脱落，夏秋季可造成桑叶焦黄脱落。

B.11 桑粉虱

B.11.1 虫害特征

桑粉虱为小型刺吸式口器多食性害虫。以成虫、幼虫吸食桑叶汁液使桑叶失水硬化，为害顶梢嫩叶使新梢停止生长。当虫口量大时，大量的卵、幼虫和蛹体布满叶背，严重时覆盖全叶，使桑叶完全失去饲料价值。

B.11.2 生活习性

1年发生8～9代，世代重叠明显，以蛹在落叶上越冬，翌年早春羽化，在桑树发芽开叶期飞向桑园为害，陕南在3月底即可见成虫活动为害。春季桑园虫口密度低，成虫集中在密植潮湿桑园，形成中心虫株，8～10月是发生高峰期，高峰期可持续很长时间，造成严重损失。成虫有趋光性，但避强烈日光。在9时前14时后，成群起飞围绕桑树枝梢飞舞，寻觅配偶交配。成虫产卵有趋嫩绿性，喜产卵于顶梢1～3叶背面，每叶卵粒密度可高达1900粒/cm^2。幼虫孵化后在卵叶上吸食汁液，不再移动，直至老熟，化蛹。

B.11.3 **发生条件**

发育适温20～30℃，最适相对湿度85%～90%。苗圃及农舍四周桑园发生早，虫口密度大，是各类型桑园的虫源地；密植桑园郁蔽潮湿，桑树芽叶幼嫩浓绿，易吸引粉虱成虫产卵为害，虫口量大于其他类型桑园。

B.12 桑天牛

B.12.1 **虫害特征**

桑天牛是以幼虫蛀食为害桑树枝干木质部，致桑树于1～2年内死亡；成虫啮食为害桑树嫩枝皮层，形成断梢；成虫产卵形成大型产卵痕桑树枝干受损易折断。

B.12.2 **生活习性**

2～3年完成一个世代，以卵和幼虫在桑树枝干内越冬，次年春季，树液开始流动，幼虫在枝干内开始活动蛀食。成虫于5～6月羽化，羽化后啃食嫩枝皮层，啃食长度达40～50cm，1只成虫可啃食桑枝50～60个。伤口不规则，可环枝条一周，使枝条枯死。成虫经一段时间取食后，交尾产卵，产卵场所主要在当年生或一年生，直径1.0～2.5cm的枝条基部近主干6～7cm范围内，也有在1～2年生桑树主干近基部产卵的。产卵前，成虫用尖锐的上颚将桑树皮层咬烂，咬成16mm×10mm大小的“U”形产卵痕，再将其中木质咬破一小块，将卵产于其中，并将咬碎的皮层连咬破的小块木质压实，覆盖在卵上。幼虫孵化后蛀入木质部，向下蛀食成直的孔道，每隔3～7cm向外蛀一圆形排泄孔，用以通气和排泄粪便，新鲜的排泄物为黄白色锯末状，干燥粪便为焦黄色。幼虫老熟后，在枝干内作蛹穴化蛹其中。

DB61

陕西省地方标准

DB61/T388.5—2007

蚕种出库、催青、运输技术规程

2007-03-30 发布　　2007-03-30 实施

陕西省质量技术监督局　发布

前　　言

本标准由陕西省农业厅提出并归口管理。

本标准由安康市蚕桑技术推广工作站、安康学院、石泉县蚕桑发展局负责起草。

本标准主要起草人：陈正余、胡必利、张百忍、高志云。

本标准由安康市林业局负责解释。

1. 范围

本标准规定了桑蚕种出库、催青、包装、运输技术。
本标准适用于蚕种生产和经营。

2. 规范性引用文件

下列文件的条款通过本标准引用而成为本标准的部分条款。凡是注明日期的引用文件，其随后所有的修改单（不包括勘误的内容）均不适用于本标准。然而鼓励本标准达成协议的各方研究是否可使用这些文件的最新版本。凡不注明日期的引用文件，其最新版本适用于本标准。

DB61/B47.049－89　桑蚕种普通种品质标准
DB61/T388.6　桑蚕饲育技术规程
DB61/T388.8　养蚕消毒防病技术规程

3. 术语和定义

3.1 催青

催青是指把经过越冬解除滞育的蚕卵（蚕种）或经过浸酸处理而活化的蚕卵，保护在合适的温度、湿度、光线、空气等条件下，使胚胎能顺利较好地发育，直至孵化的过程。

3.2 起点胚子

蚕种可以开始催青的胚胎，指丙$_2$胚胎。

3.3 催青积温

催青积算温度的简称，即自催青开始以丙$_2$胚胎阶段为起点至蚕种孵化为止的时间内，以胚胎每日感受的平均温度减去10℃后逐日累计的温度总和，即催青积温（℃）＝$\sum$（目的感受温度－10）

3.4 蚁蚕

刚从蚕卵孵化的小蚕，称为蚁蚕。

3.5 实用孵化率

催青蚕种孵化蚁蚕头数占调查样品良卵数的百分比为孵化率。自孵化开始至结束逐天孵化的蚁蚕中，最大 2 天孵化蚁蚕的总数占调查样品良卵数的百分比，即实用孵化率。

4. 催青准备

4.1 催青环境

催青室应选择在交通方便、水电充足、四周空旷的地方，周围无废气及有害污染物污染，环境绿化、洁净，空气清新。

4.2 催青室

催青室的大小根据蚕种数量而定。1 间进深 8m、开间 4m、高 3.4m 左右的催青室，可容纳 8000～10 000 张蚕种。要求能保温保湿，受外界气温变化影响小，便于通风换气和采光，便于消毒。前后开窗，并有内走廊。

4.3 附属用房

催青室应设置温湿度控制室，蚕种解剖室，配备催青用具与物品储藏室等。催青用具及主要物品见表 1。

表 1 催青用具及主要物品（5000 张蚕种）一览表

项 目	单位	数量	说 明
催青架	只	5	
长竹竿	根	58	8m 长
插种线架	只	50	用粗棉线格成 50 格，每格插种 2 张。散卵催青不用线架
散卵催青蚕箔	个	30	每箔摆 200 张或散卵催青框 150～200 只

续表

项　目	单位	数量	说　明
火钳、火铲	把	各1	备有空调和电热补湿器的催青室，可不备此类物品
补湿水槽	套	2	
补湿架	只	4	
补湿布	米	16	
洒水壶	个	1	
水桶	担	1	
干湿计	只	3	室内挂2只，室外1只
体视显微镜	部	1	低倍显微镜
解剖用具	套	1	吸水管2个、镊子2个、烧杯2个、酒精灯1个、二重皿4个、三足架1个、石棉网1个、载玻片10片
闹钟	只	1	
木炭	kg	100	如果用空调或自控催青箱或电炉加温时，可不用木炭
KOH	g	500	或者NaOH
酒精	kg	0.5	
天平	台	1	感量0.01g

4.4　催青消毒

消毒前先对催青室和周围环境进行打扫后，对室内外可消毒的催青用具都应按下列方法进行全面消毒。消毒必须在催青前10日完成。在催青前通过升温开窗，充分排除消毒残药气味和异味。

4.4.1　物理消毒

适用于部分催青用具，可采用日光曝晒、紫外线、蒸汽消毒。

4.4.2　化学消毒

常用的消毒药剂主要有含氯制剂、甲醛制剂、含硫制剂等。常用的方法有喷雾消毒、浸渍消毒和熏烟消毒等。适用于催青室及部分催青用具的消毒，应严格按照DB61/T388.8标准执行。

4.5　蚕种出库

春期蚕种出库日期，以本地中晚熟桑品种桑芽发育开放4～5叶为催青适期，同时结合当地历年出库日期和当年春蚕期气象趋势预报等综合因素确定，一般在4月上中旬。夏秋期蚕种出库日期根据养蚕布局的总体安排，同时兼顾蚕作安全及气象情况等因素确定，一般在6月中下旬和8月上旬。出库时要求根据各蚕品种发育速度、所需积温及发种时期，安排好每批蚕种的出库时间与数量，以及催青温湿度与催青日数。供种单位对春用种和夏用复式冷藏种在开始发种前，必须待试验催青后进行。实用孵化率不合格的批次不得出场。秋用种在每批蚕种浸酸装盒后，应留足5g以上的样卵，合理保护，调查实用孵化率，如果达不到合格标准，应及时通知领种单位，按比例补足蚕种。春用种和夏用复式冷藏种出库，须经17℃（63 ℉）的中间温度保护一天。

4.6 领种准备

领种单位按照“量桑养蚕，叶种平衡”的原则和气候及桑叶生长状况，确定蚕种出库日期和数量，提前3天通知供种单位。领种前必须准备好催青室和蚕具。蚕种运输需用的包装箱、器具由供种单位按不同包装数量统一制作，严格消毒。领种单位必须提前做好运输途中防晒、防雨用的黑布和塑料薄膜，并严格消毒。领种时要求在蚕种冷库点清出库蚕品种、批次及数量。

4.7 蚕种运输

（1）领运蚕种必须派专人专车领运，并提前严格消毒。

（2）春种在出外库保护一天后可以白天运输，防止20℃（68 ℉）以上的温度，秋种在蚕种浸酸后第4天内早、晚或夜间运输，避免反转期前后运送。

（3）蚕种在运输途中，应通风换气，防热、防闷，不得用塑料薄膜紧密包扎，以防蒸热发生死卵。

（4）蚕种包装用通气的竹木筐或纸箱，散卵盒平放。平附蚕种包装必须插在线架内，量少可折成筒状竖立放入竹筐内。

（5）蚕种在运输、催青保护和发种过程中，应防晒、雨淋、受闷、受压、摩擦振动，不得接触有强烈气味的物品和化肥、农药、油类等。

5. 蚕种催青

5.1 催青日数的确定

根据蚕品种催青所需积温的不同，在9～11天的范围内确定，并根据确定的日数调节每日催青温度（现行蚕品种的积温：青松×皓月140～150℃，浙蕾×春晓125～140℃，春雷×镇珠120～125℃），按DB61/B47.040—89标准规定执行。

5.2 蚕种到达后的处理

对将要催青的所有蚕种，以制种批为单位取蚕种卵样品进行解剖，掌握胚胎发育过程，以确定催青所用的温度。然后将蚕种插进催青框（或蚕箔），插好后放到催青架上，每只催青架上都应标明制种场名、制种期、品种名称及批次或标上代号。

5.3 温湿度调节

根据当天胚胎发育情况，参照表2将温湿度调至目的温湿度，在上午10时前调节好。

表2 催青期各阶段胚胎发育目的温湿度标准

<table>
<tr><th rowspan="2">催青日期</th><th colspan="2">胚子发育程度</th><th rowspan="2">目的温度/
℃（℉）</th><th rowspan="2">干湿计差/
℃（℉）</th><th rowspan="2">光照规律</th></tr>
<tr><th>胚胎代号</th><th>程度</th></tr>
<tr><td>出库当天</td><td>丙$_1$</td><td>最长期前</td><td>15.5～17
（60～63）</td><td>1.5（3）</td><td rowspan="5">自然光线</td></tr>
<tr><td>1</td><td>丙$_2$</td><td>最长期</td><td>20（68）</td><td>2.0（4）</td></tr>
<tr><td>2</td><td>丁$_1$、丁$_2$</td><td>肥厚期，突起发生期</td><td rowspan="2">22.2（72）</td><td rowspan="2">2.5（5）</td></tr>
<tr><td>3</td><td>戊$_1$</td><td>突起发达前期</td></tr>
<tr><td>4</td><td>戊$_2$</td><td>突起发达后期</td><td>24（75）</td><td>2.5（5）</td></tr>
<tr><td>5</td><td>戊$_3$</td><td>缩短期</td><td rowspan="3">25（77～78）</td><td rowspan="2">2.2（5）</td><td rowspan="4">每日感光
18h</td></tr>
<tr><td>6</td><td>己$_1$</td><td>反转期</td></tr>
<tr><td>7</td><td>己$_2$</td><td>反转终了期</td><td>1.5～2（3～4）</td></tr>
<tr><td>8</td><td>己$_3$</td><td>气管显现期</td><td rowspan="3">26（78～79）</td><td rowspan="3">1.5～1.7（3）</td></tr>
<tr><td>9</td><td>己$_4$</td><td>点青期</td><td rowspan="2">昼夜遮光</td></tr>
<tr><td>10</td><td>己$_5$</td><td>转青期</td></tr>
<tr><td>11</td><td colspan="2">孵化</td><td colspan="3">晨5～6时感光</td></tr>
</table>

5.3.1 重点胚胎温度调节

5.3.1.1 *起点胚胎* 春期蚕种出库往往有以丙$_2$为中心的多个不同发育程度的胚胎，先在冷库用15℃的温度使胚胎发育慢的蚕种达到丙$_2$胚胎后再领取蚕种。蚕种到达催青室后根据胚胎的发育情况逐步把温度升至20℃。

5.3.1.2 *戊$_3$胚胎* 有95%以上的蚕种发育达到戊$_3$胚胎时，将温度升至25℃。

5.4 空气调节

5.4.1 换气时间

催青换气应在室内外温差较小时进行，每天上、下午各换气 1 次，每次换气时间为 10～15 分钟。换气时间的长短和次数，根据室内外温差的大小灵活掌握。

5.4.2 换气方法

室内外温差小时，采用直接换气法，打开所有门窗换气，在室内外温差大时，采用间接换气法，先在走廊换好气，再进行室内换气，或在换气前先升高室内温度，然后再打开门窗换气，并适当缩短每次换气时间，增加换气次数。

5.5 光线调节

5.5.1 丙$_2$至己$_3$胚胎光线调节

催青室内光线应保持均匀一致。从丙$_2$胚胎到戊$_2$胚胎为自然光线；从戊$_3$胚胎到己$_3$胚胎，每日感光 18 小时。

5.5.2 己$_4$胚胎黑暗保护

己$_4$胚胎是须进行黑暗保护的开始阶段，当有 30%蚕种达到己$_4$胚胎时，就应保持室内黑暗。己$_4$胚胎也是确定发种时间的重要阶段，己$_4$后春用品种约经 36h，秋用品种约经 24h，即可发种。同时，己$_4$胚胎又是在有光条件下处理催青蚕种的最后阶段，应做好发种的准备工作。

5.6 摇卵和换位

5.6.1 时间

每日上、下午各摇卵 1 次，调换蚕种摆放的位置。

5.6.2 方法

从催青架上取下装有蚕种的催青框（箱），轻轻摇动使蚕卵散于同一平面上，并在盒内分布均匀。摇卵后催青框的摆放位置进行东西、南北、上下、对角轮换。

5.7 胚胎解剖方法

5.7.1 解剖时间和次数

蚕种进入催青室解剖一次从丙$_2$胚胎到戊$_2$胚胎，每天上午 7 时前解剖一次；从戊$_3$胚胎到己$_3$胚胎，每天上午 7 时和下午 3 时左右各解剖 1 次。

5.7.2 配制解剖液

称取 KOH 或 NaOH 20g 溶于 100ml 水中，配成 20%浓度的解剖液（冷藏浸酸种用 30%浓度，即时浸酸种用 15%浓度）。将解剖液加热煮沸后，即时将溶液暂时离开热源，当解剖液停止发泡时的温度，是浸渍蚕种的最佳温度。

5.7.3 蚕卵浸渍（溶解卵壳）

取一个批次样品蚕卵 30～50 粒（平附种连同蚕连纸，散卵须将蚕卵盛在铜丝网瓢或纱布做成的小兜内）先在清水中湿润后再浸入上述溶液中，并注意不使卵粒浮在液面上，散卵应将盛卵小瓢时时摇动，使卵粒充分浸入溶液中，以使卵壳各部分溶解齐一。以卵色呈赤豆色为适度（颜色太淡不易脱壳，颜色过深胚体被溶解而腐蚀）。变色后的蚕卵立即取出投入清水中充分清洗。卵取出溶液时，如卵色尚未达到标准，可稍等几秒再投入清水中清洗。

解剖液使用几次后，由于水分蒸发浓度增大，应注意补充适当清水，保持解剖液的使用浓度。当溶液变为浓茶色时，更换溶液。

5.7.4 漂洗

浸渍后的蚕卵立即放入清水中漂洗净，充分漂洗净卵面残存的解剖液。对平附种应将卵从蚕连纸上用吸管吸水冲下，再充分水洗。漂洗净的蚕卵，须标志出品种和批号，然后对样本逐一解剖。尚未解剖的蚕卵暂留在水中。

5.7.5 解剖（脱壳）

将漂洗净的蚕卵放在盛有清水的二重皿中，用吸管吸水不断向卵冲击，促使卵壳和胚子分离，若由于药液浸渍时间短不易脱壳时，可用温水冲击。已解剖出的胚胎应随时吸出移放另一培养皿中，以免冲击其他卵粒时损坏胚体。如果胚体上附有较多的脂肪球胚胎不易脱离卵壳时，应用 60℃左右的热水继续对准胚体进行缓力冲击，促使脂肪球与胚体分离，以免影响镜检观察。

5.7.6 整理和镜检

解剖出的胚子，用吸管移放到载玻片上，多余的水分应用细毛笔或药棉拂去，并整理好胚体形态，然后放在60～100倍的体视显微镜下观察。观察时载玻片上应留有能保持胚胎湿润的水分，每批观察不少于20只完整胚胎。镜检观察胚胎发育特征按表3规定执行。

表3 催青期各阶段胚胎主要特征

催青日顺	胚胎代号	胚胎发育阶段	胚胎主要特征
0	丙$_1$	最长期前	体躯伸长，头褶、尾褶更见增大，头帽凹陷明显，18个体节可以识别
1	丙$_2$	最长期	体躯细长，头褶发达，凹陷稍深，18个体节明显，在第1、第2体节正中约见纵沟
2	丁$_1$	肥厚期	体躯长大，体宽增阔，头褶边缘带方，凹陷深刻，18个体节愈见明显，纵沟全都清楚
	丁$_2$	突起发生期	体躯更见宽大，头褶凹陷更深，第2至第7体节开始发生突起
3	戊$_1$	突起发达前期	头褶先端发生1对小突起，第2至第7体节各发生1对突起
4	戊$_2$	突起发达后期	体躯稍短，体宽略阔，头褶及第2至第7体节各突起更加发达，第8体节以下开始发生突起
5	戊$_3$	缩短期	体躯显著缩短增宽，前端4个体节开始缩成头部，后端2个体节开始缩成尾部，腹部一部分突起消失
6	己$_1$	反转期	体躯呈S形，尾端体胸向腹面弯曲
7	己$_2$	反转期终了	体躯全面向腹面弯曲，消化管形成
8	己$_3$	气管显现期	气管开始着色，蚁蚕形态初备，在胚体外缘开始出现刚毛
9	己$_4$	点青期	气管完成，头部叶浓黑色
10	己$_5$	转青期	蚁体完成，全部呈浓黑色
11	孵化	孵化	蚁蚕

6. 蚕种发放

6.1 发种准备

根据用种单位预订的蚕种数量，制作好发种清单。在蚕种遮光保护前，根据蚕种清单将催青蚕种按要求拆零分装后分别放置，同时贴好标记。

6.2 发种时间

春期有98%以上蚕种达到己$_5$胚胎，夏秋期有95%左右的蚕种到达己$_5$胚胎时发种为宜。路途较近的宜偏迟，路途较远的宜偏早；温度低时宜偏迟，温度高时宜偏早。

6.3　蚕种发送

用蚕种箱、竹筐或其他纸箱，避光包装发送。装运蚕种的工具应清洗干净，无异味，途中要防止雨淋、日晒和高温。

7. 延迟收蚁

7.1　延迟收蚁方法

催青开始后，如遇特殊情况，必须延迟收蚁时，可在催青初期或己$_5$胚胎，采取降低催青温度，减慢胚胎发育速度的措施；或降低蚁蚕保护温度的方法，延迟收蚁。

7.2　催青初期抑制

催青初期至丁$_2$胚胎用温度5℃，相对湿度75%（干湿差1.5℃）保护，可抑制胚胎发育15天左右，或用12℃保护3天，可使发种延迟2天。

7.3　己$_5$胚胎低温保护

如催青蚕种胚胎发育已超过丁$_2$阶段，则按原计划继续升温催青，待全部胚胎到达己$_5$阶段并略有苗蚁时，用温度为5℃，相对湿度不低于75%（干湿差1～1.5℃）保护，时间不超过7天。在低温保护前后，需经过5～6h的中间过渡温度。

7.4　蚁蚕降低温度保护

蚕种已孵化，则可用降低蚁蚕保护温度的方法延迟收蚁，蚁蚕保护温度在15.5℃，保护时间不超过2天；温度在10℃，保护时间不超过3天。

8. 资料整理

催青发种结束后，及时整理好催青全过程的胚胎解剖、温湿度记载、蚕品种、数量、批次、孵化率调查等全部资料，以年度为单位建档保存。

DB61

陕 西 省 地 方 标 准

DB61/T388.6—2007

桑蚕饲育技术规程

2007-03-30 发布　　　　2007-03-30 实施

陕西省质量技术监督局　发布

前　言

本标准由陕西省农业厅提出并归口管理。

本标准由安康市蚕桑技术推广工作站、安康学院、石泉县蚕桑发展局负责起草。

本标准主要起草人：陈正余、胡必利、张保群。

本标准由安康市林业局负责解释。

1. 范围

本标准规定了桑蚕饲养的养蚕准备、蚕品种、补催青、收蚁、大小蚕饲养、眠起处理、上蔟、采茧运输等。

本标准适用于桑蚕丝茧饲养。

2. 规范性引用文件

下列文件的条款通过本标准引用而成为本标准的部分条款。凡是注明日期的引用文件，其随后所有的修改单（不包括勘误的内容）均不适用于本标准。然而鼓励本标准达成协议的各方研究是否可使用这些文件的最新版本。凡不注明日期的引用文件，其最新版本适用于本标准。

DB61/T388.7　蚕室蚕具及附属设施技术要求

DB61/T388.8　养蚕消毒防病技术规程

DB61/T388.10　省力化养蚕技术规程

DB61/T388.11　优良蔟具使用技术规程

3. 术语和定义

3.1　补催青

蚕种从催青室到达小蚕饲育室后，继续按照催青标准进行保护直到孵化的过程。

3.2　收蚁

把从蚕卵中孵化出来的蚁蚕收集到蚕座上，集中喂桑饲养的过程。

3.3　龄期

两次起蚕（第 1 龄为孵化蚁蚕）间的时间间隔称为龄期。桑蚕有 5 个龄期：1～3 龄蚕为小蚕期；4～5 龄蚕为大蚕期。

3.4 眠蚕、起蚕

蚕儿发育到一定时期，不食不动，直至蜕皮，这期间的蚕儿称为眠蚕。完全蜕皮后的蚕儿称为起蚕。

3.5 饷食

起蚕后第一次给叶的过程称为饷食。

3.6 除沙

消除蚕座上的残桑、蚕粪、脱皮物、死蚕等污物的过程称为除沙。

3.7 提青

在蚕群体就眠不齐的情况下把迟眠蚕从眠蚕群体中提出来的操作过程称为提青。

3.8 蚕座

支撑桑蚕活动和生长发育的地方称为蚕座。

3.9 止桑

将眠蚕就眠前停止给桑，并在蚕座上撒焦糠或石灰的过程称为止桑。

4. 养蚕准备

4.1 桑叶

按片叶计算，每张蚕种春季需要桑叶 750kg，夏季需要桑叶 550kg，秋季需要桑叶 650kg。

4.2 蚕种

通过国家或省级品种审定委员会审定通过的蚕品种，在本地区引进试验、示范，适合当地大面积推广，并经过省蚕种质检站检验合格的一代杂交桑蚕种。

4.3 蚕室、蚕具、附属室

养蚕所需蚕室、蚕具、贮桑室、蚕药、器材、物料、蔟室的种类、规格、数量按 DB61/T388.7 标准规定执行。

4.4 消毒

按 DB61/T388.8 标准规定执行。

5. 领种及补催

5.1 领种

领种在早晨或傍晚进行，运种的工具要清洗消毒，严禁携带异味物品。蚕种应平放，不可堆压过高，防止雨淋和剧烈震动，途中应遮光保护。蚕种领回后应及时分发放进小蚕饲育室或小蚕共育室。

5.2 补催青

领种前先将小蚕室温度升至 21℃ (70 ℉)，待蚕种领回进入小蚕室后，将蚕卵分别倒出，平摊在铺有白纸的蚕箔里，一张蚕卵只摊一箔，轻轻铺平，不重叠，铺成 33cm^2，蚕卵面上覆盖一只小蚕网，在上面再扣一个潮湿蚕箔，最后用黑色的湿布盖在箔背上，遮光黑暗保护至第二天早晨感光收蚁，如果蚕种转青不齐，可遮光至第三天早晨感光收蚁。蚕种处理好后关闭门窗，将温度逐步升至 24℃，干湿差 1.5℃，到第二天午夜室温升到 25.5℃进行补催青，待收蚁。

6. 收蚁

6.1 收蚁准备

6.1.1 备齐收蚁用品

蚕座纸、蚕筷、鹅（鸡）毛、焦糠、防僵粉、收蚁网、塑料纸、切桑刀、收蚁纸等。

6.1.2 桑叶要求

6.1.2.1 采集 适熟偏嫩、叶色黄中带绿、第 2～3 叶位的叶片。

6.1.2.2 时间 收蚁当天早晨。

6.1.2.3 采叶量 蚁量的 20 倍。收蚁时，按蚁量 6 倍将桑叶切好备用。

6.1.3 蚕室温、湿度调节

收蚁前将蚕室温度调至 24℃（75 ℉），干湿差 2.2℃（4 ℉）。收蚁结束后，再升温至 27℃（81 ℉），干湿差 1.7℃（3 ℉）。

6.2 收蚁时间

收蚁当天 5～6h 揭去蚕卵上覆盖的湿布和蚕箔，开灯感光。春蚕和晚秋蚕在 8～9h 前收蚁，10h 前结束；夏秋蚕在 7h 开始收蚁，8h～9.5h 前结束。

6.3 收蚁方法

6.3.1 网收法

收蚁时在孵化的蚕种上加一层一分小蚕网待蚁蚕出齐，在网上撒收蚁量 4～5 倍的细条形桑叶，约 15min 后蚁蚕爬上小蚕网，把上面的一层小蚕网提到另一只铺有白纸（或塑料薄膜）的空蚕箔中，进行整座、扩座、定座。

6.3.2 绵纸吸引法

在孵化的蚁蚕上盖两层绵纸，在绵纸上均匀撒布少量桑叶引蚁，15min 后蚁蚕爬到绵纸上，去掉上层绵纸桑叶，提起下层绵纸，连蚕带纸移入另一只铺有白纸（或塑料薄膜）的蚕箔中进行整座、扩座、定座。

6.3.3 倒伏桑引法

先将切好的桑叶，均匀地撒在蚕座纸上，再将孵化蚕种卵面向下，覆盖在桑叶上，约15min后蚁蚕爬到桑叶上，轻轻揭去蚕种纸，进行整座、扩座、定座、给桑。本法适宜平附种收蚁。

6.3.4 打落法

将孵化的蚕种或吸有蚁蚕的绵纸背面和边上蚁蚕扫净，蚁蚕向下，两人扯住蚕种纸（或吸蚁纸）两端，用蚕筷或羽毛把，将蚁蚕轻轻打落在塑料薄膜上，然后收集称量，给桑定座。本法适用于催青室发蚁蚕或平附种收蚁。

6.4 收蚁后处理

6.4.1 孵化不齐

对一天孵化不齐的蚕种，采取陆续分批收蚁的方法，将未孵化的蚕种继续按补催青要求合理保护，继续遮光黑暗保护，第二天早晨进行感光，促使孵化整齐。

6.4.2 给桑、匀座、定座

收蚁后应随即给桑，做到边吸引，边称蚁，边给桑，缩短收蚁时间。给第一次桑时大体均匀即可，用桑量宜偏多，可暂不定座，等收蚁结束以后，第二次给桑前给蚕座撒防僵粉进行蚁体消毒或细焦糠，第二次给桑时进行整座、匀座、定座。

7. 饲育技术标准

7.1 蚕的生理特点

按蚕生长发育和各龄生理特点分为小蚕期和大蚕期。1～3龄为小蚕期，4～5龄为大蚕期。

7.2 饲育方法

7.2.1 塑料薄膜覆盖育

1张蚕种全龄饲养技术操作标准按表1规定执行。

表 1 桑蚕饲育技术标准（1 张种）

项目 \ 龄期		1 龄	2 龄	3 龄	4 龄	5 龄
目的温度/℃（℉）	饲育	27～28（79～81）	26～27（77～79）	25～26（76～78）	24～25（74～76）	23～24（73～75）
	眠中	降低 1	降低 1	降低 1	降低 1	
干湿差/℃（℉）		0.5（1）	1（1.5）	1.5（2）	3（5～6）	4（6～7）
用叶标准	收蚁饷食	黄中带绿，第 2～3 位叶，叶面稍有缩皱	黄中带绿，第 3 位叶叶面稍有缩皱	嫩绿色，第 4 位叶叶面平展	嫩绿色，优质有光泽片叶	优质嫩叶
	龄中	嫩绿色，第 3～4 位叶，叶形展开	绿色渐浓，呈固有形状，第 4～5 叶位	浓绿色，三眼叶	无泥沙，成熟片叶，无虫害	片叶或枝条叶，无泥沙，无虫害
给桑量/kg	春	2.5	12	16	50	580～680
	夏	1.5	10	14	35	400～550
	秋	1.5	10	14	40	490～590
给桑次数（昼夜）/次		3	3	3	4	4
给桑形式		方块叶，0.5～1cm²	方块叶，木梳叶	鸡爪叶，三眼叶	片叶，三眼叶	片叶，条叶
除沙次数		不　除	起、眠各一次	起、中、眠各一次	起、中、眠各一次	起除一次，口除每日一次
保湿方法（薄膜覆盖）		上　盖 下　垫	上　盖 下　垫	上　盖 下不垫	上不盖 下不垫	上不盖 下不垫
换气次数		对流窗略开	对流窗略开	经常开窗	窗户常开	门窗常开，通风干燥
扩座次数		盛时期前，每日三次	盛时期前，每日三次	盛时期前，每日三次	每次给桑前匀蚕扩座	每次给桑前匀蚕扩座
蚕座面积或箔数		1.1～1.4m² 2 箔	2.2～2.8m² 4～6 箔	6.8～7m² 8～10 箔	14.5～16m² 25～30 箔	30～40m² 40～45 箔
龄期经过/h		80 食桑：58 眠中：22	70 食桑：48 眠中：22	98 食桑：74 眠中：24	141 食桑：96 眠中：40～45	216 食桑：春 216 夏 192 秋 168
止桑时间		就眠 90%	就眠 90%	就眠 95%	就眠 95%	上　蔟
止桑材料		细焦糠	焦　糠	焦　糠	石　灰	
见起蚕至饷食时间/h	1%		春：9～10 夏：7～8 秋：7～8	春：9～10 夏：6～7 秋：7～8	春：12～13 夏：8～9 秋：9～10	春：13～15 夏：8～12 秋：12～14
	50%		春：5～6 夏：4～5 秋：4～5	春：5～6 夏：4～5 秋：4～5	春：7～8 夏：4～6 秋：6～7	春：8～9 夏：5～7 秋：7～9
饷食时间		收蚁	起眠 100%	起眠 98%	起眠 96%	起眠 90%

7.2.2 地面育

7.2.2.1 室内地面育　本法适宜大蚕饲育。在蚕下地前先在地面撒一层新鲜石灰粉，做成 1.3m 宽的畦条，铺一层稻草，将蚕放在上面，也可满地放蚕。

5 龄下地的蚕不除沙，蚕座撒新鲜石灰粉、稻草、焦糠等干燥材料，做好蚕体消毒。

7.2.2.2 室外大棚地面育　本法适宜大蚕饲育按 DB61/T388.10 标准规定执行。

7.3 不良气候处理

养蚕期间，如遇不良气候条件，应采取应急措施，减轻危害。蚕室不良气候环境应急处理方法按表 2 规定执行。

表 2　养蚕期间温湿度调控方法

温度类型 / 湿度类型	高　温	适　温	低　温
多　湿	经常开放门窗，开电扇促进空气对流。做到蚕架稀、蚕簇稀、蚕头稀。适当增加给桑次数、勤除沙，多撒干燥材料	微火排湿，或用松树毛、柏树枝、稻草熏烟、通风换气。勤除沙，多撒干燥材料	生火补温的同时能排除水汽降低湿度。减少每次给桑量，桑叶切小，多撒吸湿材料及防僵粉，早晚进行熏烟排湿
适　湿	在室外搭凉棚，采用多回薄喂，注意通风换气	注意室内气流，保持室内空气新鲜	生火补温的同时注意补湿
干　燥	小蚕期可用湿簸或塑料薄膜覆盖，挂湿帘、湿布。片叶或条桑饲育，除沙在每天早上或晚上进行，用叶前给桑叶喷洁净凉水	室内挂湿帘、湿布或在蚕座上覆盖喷水	生火补温，同时用水盆蒸发水分和挂湿帘、湿布等方法补湿

7.4 桑叶贮藏

贮桑应按表 3 规定执行。

表 3　桑叶的保鲜贮藏方法

蚕期	方法	设备	要　　求
小蚕	缸贮法	缸、气笼布、竹垫	缸内放气笼，缸底盛清水，水上置竹垫。将桑叶理齐，叶柄向下，盘放在气笼四周，缸面盖湿布
大蚕	畦贮法	贮桑室	抖松桑叶，堆成畦状，厚度不超过 40cm。畦间稍留空隙，作长通路，桑叶上盖湿布，每天倒畦散热 3 次

8. 上蔟

8.1 上蔟方法

8.1.1 方格蔟上蔟

按 DB61/T388.11 标准规定执行。

8.1.2 塑料折蔟上蔟

按 DB61/T388.11 标准规定执行。

8.1.3 蜈蚣蔟上蔟

上蔟前 10 天用稻草或麦秆做好蔟具，消毒晒干准备上蔟。上蔟时将蔟横放地面，捉熟蚕上蔟，按每米上熟蚕 240 头标准上齐，一面上齐后轻轻翻动蔟具再上另一面。待熟蚕全部定位后，把蔟离地横挂或一端挂起，蔟具架下垫稻草或蚕网，注意清理游蚕另行上蔟。

8.2 蔟中管理

8.2.1 温度

上蔟初期温度宜偏高 25.5℃，从开始结茧到采茧保持 23～24℃；如遇低温及时升温排湿，将烟气排放室外，以防熏染蚕茧；如遇高温时，加强通风降温，不得关闭门窗。

8.2.2 湿度

蔟室要求相对湿度 60%～75%，干湿差 2.5～3℃。高温多湿时应通风排湿，地面撒干燥材料并采取降温措施；低温多湿时，升温排湿；高温干燥时应以降温为主；低温干燥时应升温补湿。

8.2.3 气流

在上蔟当时不宜强风直吹，以防熟蚕向一方密集。上蔟一昼夜后，蚕已基本定位营茧，应开门窗通风换气，气流速度以 0.5～1m/min 为适当。如遇闷热多湿天气，要用电扇进行人工通风，及时排除蔟室中湿气，提高蚕茧解舒率。

8.2.4 光线

熟蚕具有背光性。蔟室要求光线均匀偏暗，防止强光、偏光，以自然分散光为宜。

9. 采茧

9.1 采茧适期

蚕化蛹后蛹体呈黄褐色即可采茧。春蚕上蔟 7 天采茧，夏蚕上蔟 6 天采茧，中秋蚕上蔟 6 天采茧，晚秋蚕上蔟 9～10 天采茧。

9.2 方法

按上蔟先后次序采茧，不得采毛脚茧。采茧时先摘除死蚕和烂茧，再采好茧，轻采轻放，分类放置。

9.3 要求

采茧时按上茧、次茧、双宫、黄斑、柴印、薄皮、烂茧分类存放，严禁出售混合茧。采茧后，薄摊于蚕箔内，厚度以 2～3 粒为度，开放门窗通风排湿，防止堆积发热和受潮。

9.4 售茧

售茧时，轻装快运，防止日晒雨淋和发热变质。做到严格选茧，分类出售，蚕茧用干净的筐篓松装，切忌用塑料袋、编织袋、麻袋、布袋等装运，要防止挤压、震动和堆放过久，以免影响茧质。不售毛脚茧，不售潮湿茧。

DB61

陕 西 省 地 方 标 准

DB61/T388.7—2007

蚕室蚕具及附属设施技术要求

2007-03-30 发布　　　　2007-03-30 实施

陕西省质量技术监督局　发布

前　言

本标准由陕西省农业厅提出并归口管理。

本标准由安康市蚕桑技术推广工作站、安康学院、石泉县蚕桑发展局负责起草。

本标准主要起草人：陈正余、胡必利、张正毅。

本标准由安康市林业局负责解释。

1. 范围

本标准规定了桑蚕饲养过程需要的蚕室、贮桑室、上蔟室、蒸消灶、蚕具、物料、药品等。

本标准适用于桑蚕丝茧饲养。

2. 规范性引用文件

下列文件的条款通过本标准引用而成为本标准的部分条款。凡是注明日期的引用文件，其随后所有的修改单（不包括勘误的内容）均不适用于本标准。然而鼓励本标准达成协议的各方研究是否可使用这些文件的最新版本。凡不注明日期的引用文件，其最新版本适用于本标准。

DB61/T388.6　桑蚕饲育技术规程

3. 蚕室、贮桑室、蔟室

3.1　蚕室

要求地势高，干燥，四周开阔，环境清洁，易于调节温度和通风换气，便利消毒和养蚕操作。南北向，白壁墙，六面光，对流窗。

养 1 张蚕种蚕室面积不小于 15m²；地面育每张种需 30～40m²。

3.2　贮桑室

应具备低温、阴湿、清洁、气流小、排水好等条件，面积为蚕室面积的 1/3。

3.3　上蔟室

面积与蚕室相同，大蚕室可兼用。

此附属设施规格参照 DB61/T388.6 规定执行。

4. 附属设施

4.1 蚕沙坑

建在远离桑园和蚕室的地方。

4.2 简易消毒池

长 2.0m、宽 1m、深 0.8m 的立式水泥池，根据蚕箔大小可以适当调整规格。

4.3 简易蒸气消毒灶

选口径 1m 以上的铁锅，在室外修灶台，消毒时锅内加满水，将消毒的蚕具放于锅上，用塑料膜从上至下包裹密封，然后加火烧水，水烧开后蒸煮 3h。

5. 蚕具与物料

养蚕所需蚕具和物料按表 1 规定执行。

表 1 养蚕所需蚕具、物料标准（1 张种）

类别	名称	数量	规格	备注
蚕具	三脚蚕架	4 个		如用梯形架 4 片或 8m 长竹竿 20 根
	圆蚕簸	40 个	直径 1.1m	地面养蚕需 $40m^2$，蚕台养蚕需 1 套
	小蚕网	16 个		小蚕共育不备小蚕网
	大蚕网	90 个		蚕台和大棚养蚕不备大蚕网
	温湿计	1 个		
	给桑架	2 个		
	塑料膜薄	1.5kg		无毒聚乙烯
	方格蔟	160 片	156 孔/片	或塑料折蔟 70 片、蜈蚣蔟 100m
物料	喷雾器	1 个		
	谷壳	25kg		烧焦糠，蚕座干燥剂
	木炭	40kg		用抽烟型炉需蜂窝煤 100 块；如用空调，不准备木炭
	稻草	100kg		或麦秆，蚕座及上蔟蔟具用
	水桶	1 个		
	贮叶缸	1 个		
	消毒锅	1 个		
	收蚁纸	2 张		
	蚕筷	2 双		
	蛾毛	2 个		

续表

类别	名称	数量	规格	备　注
物料	切桑刀	1把		
	切桑板	1块		
	除沙筐	1个		
	采叶篓	1个		
	盖叶布	2块	$10m^2$	
	拖把	1个		
	拖鞋	2双		
蚕药	鲜石灰粉	25kg	未风化	用于蚕体消毒和大蚕止桑
	小蚕防病一号	0.5kg	0.5kg/包	小蚕蚕体消毒
	大蚕防病一号	5包	1kg/包	大蚕体消毒或与石灰配成防僵粉
	甲　醛	2瓶	500ml/瓶	含量36%熏蒸消毒、蚕室蚕具消毒
	消特灵	2套	125g/套	或含量25%漂白粉2kg、含量60%漂粉精0.5kg
	蚕用红霉素胶囊	1盒	10支/盒	或蚕用盐酸诺氟沙星胶囊1盒
	防僵灵	1盒	10支/盒	无僵病时不用
	灭蚕蝇	1盒	10支/盒	或片剂10片，防蝇条件好的可不备
	消毒散	1包	250g/包	或优氯净熏烟剂2包

DB61

陕 西 省 地 方 标 准

DB61/T388.8—2007

养蚕消毒防病技术规程

2007-03-30 发布　　　　2007-03-30 实施

陕西省质量技术监督局　发布

前　言

本标准由陕西省农业厅提出并归口管理。

本标准由安康市蚕桑技术推广工作站、安康学院、石泉县蚕桑发展局负责起草。

本标准主要起草人：陈正余、胡必利、吴晓琼。

本标准由安康市林业局负责解释。

1. 范围

本标准规定了养蚕消毒防病的时期、方法、步骤、用药标准。

本标准适用于桑蚕饲养过程消毒防病。

2. 规范性引用文件

下列标准中的条款通过引用而成为本标准的部分条款。凡是注明日期的引用文件，其随后所有的修改单（不包括勘误的内容）均不适用于本标准。然而鼓励本标准达成协议的各方研究是否可使用这些文件的最新版本。凡不注明日期的引用文件，其最新版本适用于本标准。

商务部“东桑西移”工程蚕桑基地项目建设技术规程指南（2006年）

兽药管理条例（2004年版）

3. 术语和定义

3.1 蚕病

家蚕的病害，有病毒病、细菌病、真菌病、原生动物病、节肢动物病害、中毒症等种类。

3.2 蚕药

养蚕用药的简称，指兽药中专门用于蚕室蚕具消毒、蚕病预防与治疗，以及可以调节蚕生长发育的各类化学药品及其制剂。

3.2.1 消毒药

用于杀灭环境中和附着在蚕体上的病原微生物，防治疾病发生和传染的药物，包括氯制剂、甲醛制剂和表面活性剂及其复配制剂等。

3.2.2 抗菌药

能够抑制或杀灭病原菌的药物，包括抗生素及其制剂。

3.2.3 抗寄生虫药

能够杀灭或驱除体内、体外寄生虫的化学药品。

3.2.4 激素

用于调节家蚕生长发育的昆虫激素类似物。

4. 养蚕前消毒

4.1 消毒范围

饲养室、贮桑室、调桑室、上蔟室的天花板、地面、墙壁、门窗及周围场地。蚕箔、蚕架、蚕网、塑料纸、给桑架、采桑、调桑器具及与养蚕有关的所有用具。

4.2 方法与步骤

4.2.1 打扫蚕室、清洗蚕具

先将蚕室内各种蚕具搬到室外，然后彻底清扫蚕室、蚕具及周边环境，消除杂草、垃圾、蚕粪，烧毁旧草蔟。土质地面刮去泥土 3cm，换上新土，水泥地面刮去地面上的病死蚕尸斑，全面打扫清洗，不留死角。清理出的泥土垃圾要运往远离蚕室的地方，堆积沤肥，消灭病原体。所有蚕具应先在流水中用竹签刷子充分刷洗后，放在清洁场地曝晒。

4.2.2 石灰浆刷墙壁、蚕具浸渍消毒

用 20%新鲜石灰浆粉刷蚕室内墙。用 2%甲醛液或 1%有效氯消特灵液（或漂白粉液）喷洒蚕室及周围场地，或 1%新鲜石灰消毒液浸泡蚕簸（箔）、蚕架、塑料薄膜、给桑架和采桑等小体积用具 30min，蚕具在药物中浸透后，选有阳光的地方用塑料薄膜把蚕具密封 5h 以上，然后晾干，同时，对环境全面消毒。煮蒸小蚕网，发病严重的户，蚕箔蚕具药物消毒后再用蒸汽消毒。

4.2.3 蚕室、蚕具喷洒消毒

蚕室清洗完毕后，将浸渍消毒过的蚕具搬入室内，搭好蚕架，用含有效氯 1%的漂白粉液或通过国家 GMP 认证兽药企业生产的其他消毒剂（见附录 A 表

A-1）均匀喷布蚕室蚕具，用药量为每平方米用药液 225ml，喷药后密闭保湿 30min 以上。密闭性好的蚕室，可用含 2%福尔马林和 1%新鲜石灰的消毒液进行消毒，消毒时保持室温 24℃以上，密闭一昼夜。

4.2.4 熏烟消毒

蚕室药物消毒结束后，在收蚁之前可增加熏烟消毒。消毒时，密闭蚕室门、窗，缝隙要糊好，同时进行补湿、升温，用毒消散或优氯净、福尔马林（有僵病史的加硫黄粉）进行熏烟。

4.3 消毒要求

消毒时间应在养蚕前 7～10 天结束。喷洒消毒和熏烟消毒不要在同一天进行。消毒时要严格按照程序进行，不得颠倒次序。做到：扫得净、配得准、喷得均、消得全、熏得严、管得细。蚕室熏烟消毒后任何未经消毒的物品不能拿入蚕室，非养蚕人员不得随便进入。消毒的蚕室密封 24h 后，在收蚁或养蚕（或从共育室领回小蚕）前两天敞开门窗，遇连阴雨时要加温排湿，使蚕室、蚕具干燥。

4.4 养蚕前蚕室蚕具消毒药物种类及方法

按附录 A 中表 A-1 规定执行。

5. 蚕期中的消毒防病

5.1 蚕体蚕座消毒

5.1.1 撒防僵粉

蚁蚕和各龄起蚕饷食前均要撒一次防僵粉，撒粉的数量以蚕体上一层薄霜为度（1～3 龄用小蚕防病 1 号，每平方米用药 20～30g；4～5 龄用大蚕防病 1 号，每平方米用药 40～60g）。其他防僵药剂（见附录 A 表 A-2）根据说明书上的使用方法使用。如发现僵病，每天撒 1～2 次。

5.1.2 撒石灰粉

发现病毒病蚕时，在给桑前用筛或纱布在蚕体蚕座上撒一薄层新鲜石灰粉，经 10min 后给桑。用石灰粉时，要求每天除沙一次。

5.1.3 撒焦糠

提青、分批、上桑时必须撒焦糠等干燥材料，用筛撒入蚕座，以盖严残桑为度。

5.2 家蚕蝇蛆病和细菌病的防治

5.2.1 使用"灭蚕蝇"防治蝇蛆病

商品用的"灭蚕蝇"（见附录A表A-4）有乳剂、片剂两种。乳剂含有效成分25%或40%，使用时加水稀释成300～500倍液；片剂一般按每片加水50ml，用时根据当地情况灵活掌握。使用方法有喷雾法和添食法两种：喷雾法按每张蚕种用"灭蚕蝇"300倍稀释液1.5～2kg，均匀喷于蚕体表面；添食法用500倍"灭蚕蝇"稀释液与桑叶1∶10的比例充分调匀后添食，每张蚕种喂药叶10～15kg。作为预防时，在4龄用药1次，五龄第2天、第4天、第5天及见熟蚕时用药1次。发现寄生蝇在蚕体上产卵或蝇蛆病蚕时，连续用药2～3次。

5.2.2 添食红霉素等抗生素防治细菌病

根据说明书标出的方法将抗生素（见附录A表A-3）用于净水溶解，1kg药液均匀地喷在10kg桑叶上，以桑叶正反面都湿润为度。预防用药时，四龄添食1～2次，5龄期隔日1次。发现细菌病蚕时，连续添食3～4次后，继续每日添食1次至无细菌病蚕时为止。

5.3 蚕期熏烟消毒

在养蚕过程中发现僵病或在湿度较大的蚕期，进行蚕室和蚕体蚕座熏烟消毒。熏烟消毒在大蚕期饷食前和盛食期进行，在给桑前熏烟，关闭门窗熏烟30min，再换气加网给桑。常用的熏烟剂及其使用方法见附录A中表A-1、表A-2。

5.4 桑叶叶面消毒

漂白粉消毒（或消特灵）：1～2龄期，使用有效氯含量为0.3%的漂白粉消毒液，浸消5min，用清水漂洗除去残留在桑叶表面的消毒液，脱水晾干后饲蚕；3～5龄期，用含有效氯0.3%～0.35%的漂白粉消毒液，浸消10min，清水漂洗，脱水晾干后饲蚕。其他桑叶叶面消毒剂的使用方法按照说明书进行。

5.5 建立消毒防病卫生制度

5.5.1 养蚕操作员个人卫生

要求做到如下三个方面。一消毒：蚕室、贮桑室入口处每日用含0.5%有效氯的漂白粉液消毒，或在蚕室门口地面放新鲜石灰粉。未经消毒的用具，禁止带入蚕室、贮桑室使用。二换鞋：进蚕室、贮桑室要换鞋。三洗手：进蚕室洗手，调桑给桑前洗手，除沙选蚕后洗手。

5.5.2 除沙后消毒

除沙后及每龄眠中应用含0.5%有效氯的漂白粉液及时进行地面消毒，贮桑室每隔1～2天用含0.5%有效氯的漂白粉液消毒一次，病死蚕和蚕沙不能乱堆乱放，放入消毒缸（内盛有石灰或其他消毒剂）内充分消毒后再深埋，蚕筷用过后要消毒。

5.5.3 蚕具消毒与使用

各龄用具彻底消毒后使用，饲养不同批次蚕用的蚕具要分开，严防混用。

5.5.4 大小蚕饲养

前后批、大小蚕不得在同室饲养。

5.5.5 眠起处理

做好眠起处理，坚决淘汰弱小蚕、迟眠蚕，病死蚕和蚕沙不能乱堆乱放，切勿用来喂家禽，应挖坑堆埋发酵。

5.5.6 养蚕操作

养蚕操作（给桑、除沙、分匾、匀扩座等）要仔细认真，轻拿轻放，防止蚕体创伤。

5.5.7 蚕体蚕座消毒药物种类及方法

按附录A中表A-2、表A-5规定执行。

6. 蚕期结束后消毒（回山消毒）

6.1 病死蚕处理

病死蚕应在5%～10%的石灰浆中浸泡24h以上后深埋，严禁喂家禽或到处乱丢。

6.2 蚕沙处理

蚕沙要堆放在远离蚕室和桑园的坑内，发酵沤肥。严禁摊晒蚕沙。

6.3 蔟具消毒与管理

先将蔟上的蚕粪、病蚕尸体清理掉，然后用火燎去浮丝。在室外地上铺一块塑料薄膜，将方格蔟片等蚕具平铺在薄膜上，用2%的福尔马林溶液均匀喷洒，并将蔟片堆叠起来，盖上塑料薄膜，在日光下密闭蒸晒5h以上。消毒后应晒干，集中妥善保管，防止蔟片受潮或挤压变形、鼠咬破损及霉烂等。严禁在贮桑室、蚕室内堆放蔟具。塑料蔟用含1%有效氯的漂白粉液进行浸泡消毒30min。不能用的旧蔟，应立即烧掉，以防传染蚕病。

6.4 养蚕后消毒

蚕期结束后，蚕室、蔟室、蚕具及周围环境先进行喷雾消毒（方法步骤同养蚕前消毒），消毒后再进行清洗。洗净晒干的蚕具，集中于蚕室，待下次养蚕时再用。

6.5 蚕期结束后（回山）消毒药剂种类及方法

按附录A中表A-1规定执行。

7. 蚕病综合防治技术措施

7.1 常见蚕病的识别

按附录B规定执行。

7.2 蚕病综合防治技术措施

按附录C规定执行。

附　录　A

（规范性附录）
附　表

表 A-1　蚕室蚕具消毒药物种类及方法

药剂		作用与用途	浓度和用量	配法	使用方法	注意事项
液体药物消毒剂	消特灵	用于蚕室、蚕具和养蚕环境消毒，对家蚕病毒病、细菌病、真菌病及原虫病的病原有效	浓度：含有效氯1%； 用量：每$100m^2$用药水25kg	配成含主剂0.3%、辅剂0.04%溶液，即1套加水25kg	均匀喷洒蚕室、蚕具地面、墙面表面	主剂、辅剂分开包装放置阴凉干燥处。溶解顺序不能颠倒，消毒后保湿30min以上，蚕具晒干
	漂白粉（含氯石灰）	用于蚕室、蚕具和养蚕环境消毒，对蚕的病毒病、真菌病、细菌病、微粒子病的病原体有效	浓度：含有效氯1%； 用量：每$100m^2$用药25kg	把含有氯25%的漂白粉，每千克加水24kg，先调成糊状，然后加足水搅匀，加盖静放2h，取澄清液消毒	用喷雾器喷洒均匀周到，保持湿润30min	溶液现配现用。消毒前测定漂白粉有效氯含量。不能在日光下或有风处使用。金属、纺织品、纸张等不能接触。注意加盖防止有效氯逸散。蚕具消毒后晒干
	福尔马林石灰浆	用于蚕室、蚕具和养蚕环境消毒，对家蚕病毒病、细菌病、真菌病及原虫病的病原体有效	浓度：含甲醛2%与1%的鲜石灰水； 用量：每$100m^2$用药水25kg	市售福尔马林含甲醛36%，每0.5kg加水8.5kg后加鲜石灰粉1kg	用喷雾器喷洒蚕室地面、墙面、蚕具表面	现配现用。喷药后保持24℃、4h以上，密闭一昼夜，加鲜石灰粉后边搅边用，防止下沉，有强烈刺激性，注意劳动保护，蚕具消毒后晒干
	优氯净石灰浆	用于蚕室、蚕具和养蚕环境消毒，对家蚕病毒病、细菌病、真菌病及原虫病的病原有效	浓度：优氯净1%、石灰0.5%； 用量：每$100m^2$用药水25kg	用新鲜石灰5kg加水2kg化成石灰粉，每50kg水加过筛石灰粉1kg，然后配成含优氯净1%	对蚕室、贮桑室喷洒均匀；蚕具可喷洒或浸渍，边搅边喷	溶液现配现用。防止石灰沉淀，不能用澄清液，石灰粉要新鲜，消毒后保湿30min以上，蚕具消毒后晒干
	四〇二（防僵灵）	用于蚕室、蚕具和养蚕环境及蚕体消毒，对家蚕僵病、曲霉病等病原有效	浓度：原药加水1500倍； 用量：每$100m^2$用药水25kg	原药0.5kg，加水750kg	喷药均匀，密闭一昼夜，保持潮湿	不能与石灰等碱性物相混；现配现用，防止挥发。次日用石灰浆喷洒，可弥补对病毒性病原体的杀灭力

续表

药剂		作用与用途	浓度和用量	配法	使用方法	注意事项
固体药物消毒剂	毒消散	用于蚕室蚕具熏烟消毒，对蚕的各种病原体有效	浓度：原药； 用量：每 $10m^3$ 用药 250g	市售成品药	蚕室中放火盆（炉），火力不宜太旺，火上放铁锅（铲），锅上放药化液发烟，保持室温 24℃，密闭 1 昼夜	熏烟时蚕室门窗缝隙要糊严；蚕具架空，潮湿
	硫磺	用于蚕室蚕具熏烟消毒，对家蚕真菌病有效	浓度：原药。 用量：每 $10m^3$ 用药 0.2kg	市售成品	在火盆（炉）上加热融成液体，投入炭火一块，燃烧发烟	熏烟时糊好蚕室缝隙，补湿后熏烟。防人畜中毒、火灾和腐蚀金属。熏烟 30min 以上
物理消毒	蒸汽	蚕具用蒸汽消毒，对蚕的各种病原体有效	将水加热煮沸 3h	将蚕具放在蒸消灶里蒸	消毒灶内温度达到 100℃，保持 40min	蚕簇要湿润进灶，整齐竖放，以利蒸气到达上层；灶内温度达不到 100℃时，水锅内加福尔马林（按灶体积每立方米加 8ml）
	煮沸	小蚕具用开水煮沸消毒，对蚕的各种病原体有效	蚕筷、蛾毛、小蚕线网等		煮沸后保持 15min	水淹没消毒物体

注：表列中漂白粉等几种药物，也可采用浸渍消毒方法消毒蚕具。

表 A-2 蚕体蚕座消毒药物及方法

药剂	作用与用途	浓度和用量	配法	使用方法	注意事项
聚甲醛散（防病一号）	用于蚕体蚕座消毒，防治家蚕真菌病、兼防治病毒病、微粒子病	1～3 龄小蚕用含聚甲醛 1.25%；4～5 龄大蚕用含聚甲醛 2.5%。 用量：匀撒一层，呈薄霜状	市售成药	1～3 龄用小蚕防病 1 号，4～5 龄用大蚕防病 1 号。各龄起蚕饷食后，蚕期除沙后均可使用	大、小蚕药不能用错。本药不能接触碱性物。改用石灰消毒要间隔。用药后要扎紧袋口。作好防护。用药不能过量。用药当次不能喂水叶
消毒散防僵粉	用于蚕体蚕座消毒，防治家蚕真菌病、兼防治病毒病、微粒子病	小蚕用 40 倍，大蚕用 30 倍	用干细土作为掺合剂。小蚕用 40 份，大蚕用 30 份和 1 份消毒散拌匀	均匀撒在蚕座、蚕体上，呈薄霜状	加高温焙干生土、碾碎、过筛

续表

药剂	作用与用途	浓度和用量	配法	使用方法	注意事项
漂白粉防僵粉	用于蚕体蚕座消毒，防治家蚕真菌病、兼防治病毒病、微粒子病	小蚕用含有效氯2%。大蚕用含有效氯3%	用市售含有效氯25%的漂白粉0.5kg，小蚕用加石灰粉5.75kg；大蚕用加石灰粉3.7kg	蚁蚕和各令起蚕各用一次。有僵病发生时每天使用一次。均匀撒在蚕座、蚕体上，呈薄霜状	新鲜石灰粉。就眠初期可撒石灰粉，就眠后期不要使用。现配现用，用后扎紧袋口。对线网及金属蚕具有腐蚀性
四〇二（防僵灵）	用于蚕体蚕座消毒，对家蚕僵病、曲霉病有特效	1龄700倍液浸网，二三龄500倍液浸网，四五龄2000倍液喷蚕体	市售成品、按稀释倍数加水	药水浸蚕网拧干后在给桑前盖在蚕座上，然后给桑。四五龄可喷蚕体，各龄起蚕，中除僵病多时用防僵网	现配现用。不能与碱性药物混用；小蚕用药覆盖蚕座；对人皮肤有刺激性
石灰粉	用于蚕体蚕座消毒。防治病毒病，兼有干燥蚕座作用	撒于蚕座、蚕体呈薄霜状	用5kg生石灰，加水2kg化成石灰粉，过筛后使用	1龄将石灰粉与细焦糠按3∶7比例混合使用，3龄起每天早上撒一次。发生病毒病时每天早晚各撒一次，用至5龄第三天	新鲜石灰。给桑前撒用。就眠初期可撒用，就眠后期不要使用
纤维类熏烟	防治僵病	1m³用干物15g	用干草、木屑、茅草、柏枝、松叶、艾蒿、稻谷草等	将熏烟材料包紧或喷湿，让其发烟。各龄起蚕一次，有病时每日一次	发烟后关闭门窗30min。不能起明火，防火灾，给桑前熏烟

表 A-3　常用家蚕细菌病治疗药剂及其使用方法

名称	作用与用途	用法与用量
蚕用红霉素胶囊	防治家蚕细菌病	使用浓度为每毫升100单位。市售蚕用红霉素一粒（5万单位/250mg）加水0.5kg，喷洒在5kg桑叶上，拌匀喂蚕。4龄开始每龄用药1～2次，发病时连续使用3～4次
克蚕菌胶囊	防治家蚕细菌病	使用浓度为每毫升100单位。克蚕菌胶囊一粒（含5万单位）加水0.5kg溶解，喷洒在5kg桑叶上，拌匀喂蚕。4龄开始每龄用药1～2次，发病时连续使用3～4次
盐酸诺氟沙星胶囊（蚕用）	防治家蚕细菌病	使用浓度为每毫升500单位。市售盐酸诺氟沙星胶囊（蚕用）一粒（25万单位）加水0.5kg，喷洒在5kg桑叶上，拌匀喂蚕。4龄开始每龄用药1～2次，发病时连续使用3～4次

表 A-4 防治寄生蝇和解毒药物种类及方法

药剂	作用与用途	浓度和用量	配法	使用方法	注意事项
灭蚕蝇	防治多化性蚕蛆蝇寄生病	体喷法：稀释 300 倍。添食法：稀释 500 倍	每片加水 0.35kg 添食，或每片加水 0.2kg 喷蚕体	添食用药水 0.5kg，喷桑叶 5kg 喂蚕。喷体在给桑前 10min 喷洒在蚕体上	药片应捣碎，现配现用。添食或喷蚕体要喷洒均匀。按说明书，4 龄第二天，5 龄第二天起每隔一天用一次
阿托品	适用于有机磷农药中毒症	市售成品	一支加水 0.25kg 喷蚕体，加水 0.5kg 浸蚕或添食	0.5kg 药水喷蚕体，以蚕座湿润为度，或喷叶 5kg 添食。中毒严重不食叶蚕，可用药水浸泡病蚕 2min	喷药要匀，现配现用

表 A-5 各龄蚕体蚕座消毒操作处理方法

龄期 \ 项目	消毒方法与步骤
1 龄	收蚁后（第二次给桑前）的第 1 次消毒，用小蚕防病 1 号与细焦糠按 3 ∶7 的比例配成三七糠进行蚁体消毒，盛食期前每天用小蚕防病一号消毒 1 次，撒药前 30min 揭掉薄膜纸，撒药 30min 后给桑。早晨消毒，眠中不撒药，用焦糖止桑
2 龄	饷食第二次给桑前月小蚕防病一号消毒 1 次。盛食期前每天用小蚕防病一号消毒 1 次，早晨消毒，撒药前 30min 揭掉薄膜纸，撒药 30min 后给桑。眠中不撒药，用焦糠止桑
3 龄	饷食第二次给桑前用小蚕防病 1 号消毒 1 次，盛食期前每天用大蚕防病一号或防僵粉消毒 1 次，撒药 30min 后给桑。蚕期熏烟 1 次，眠中不撒药，用石灰止桑
4 龄	饷食和起眠第二天给桑用红霉素添食 1～2 次。饷食第二次给桑前和盛食期前每天用大蚕防病 1 号（或防僵粉）消毒 1 次。起眠第 2、3 天和眠中各熏烟 1 次。第 3 天或蝇蛆病发生严重的季节，用灭蚕蝇添食 1 次，眠中用石灰止桑
5 龄	饷食和起眠第二次给桑用红霉素或诺氟沙星添食 1～2 次，第 2、4 天用灭蚕蝇添食 2 次，阴雨天多撒干燥材料，每两天熏烟 1 次（或用“四〇二”防僵）。起眠第 5 天前每天用大蚕防病一号（或石灰、防僵粉）消毒 1 次，撒药 30min 后给桑。熟蚕用大蚕防病一号进行蚕体消毒

附 录 B

常见蚕病的识别
（规范性附录）

B.1 家蚕核型多角体病的识别

家蚕核型多角体病又称脓病或血液型脓病，是养蚕生产中常发生的主要病毒病之一，具有强烈的传染性。核型多角体病属于亚急性传染病，当蚕感染病毒后，稚蚕经3～4天发病死亡，壮蚕经4～6天发病死亡，温度高则病程短，发病快。

核型多角体病在1～5龄均可发生，由于发育阶段不同，外部症状也颇有差别。蚕患核型多角体病后，表现狂躁爬行，体躯肿胀，体色乳白和体壁易破等主要症状。严重发病时，常在匾内不定地徘徊、狂躁爬行，当爬到蚕匾边缘常坠地而死。病蚕体躯肿胀，有的环节拱起，有的节简膜突出，也有前后环节套起褶皱。大多数病蚕体壁紧张发亮。尤其是在眠前和上蔟后发病更为明显。体色乳白，在腹脚基部及气门周围处观察更为明显。体皮易破，在狂躁爬行时，体壁易出现微细裂缝，一边爬行，一边泄漏乳白脓汁。经过之处留下脓汁痕迹，最后脓汁流尽死亡。

本病因发病时期不同症状有异，常有不眠蚕、起缩蚕、高节蚕、脓蚕和黑斑蚕等几种。若发现蚕的体壁紧张发亮，迟迟不能入眠，或高节或节间膜肿起，不安地徘徊于蚕座内等症状，判定为本病。

B.2 家蚕质型多角体病的识别

家蚕质型多角体病又叫中肠型脓病，该病主要特点是病势缓慢，病程长，病蚕可以维持相当长的时间。因此，发病的症状也各异，主要表现有空头、起缩、下痢和群体发育极不整齐等症状。①空头：蚕感染质型多角体病毒后，随着病势的进展，食桑减少，渐渐停食、呈空头状（即胸部空虚）。胸部较健蚕小，与腹部粗细开差不大。体色失去青白色，第5龄发病体色变黄，特别在后半身的背面呈现黄白色。体壁缺乏弹性，发病严重的常静伏在蚕座四周。各龄将眠时患病的即成迟眠蚕或不眠蚕。发病轻的虽然能缓慢入眠，但随着病势的加剧，有的在眠中死去，也有的至起蚕时呈起缩下痢症状死去。第5龄后期发病的，形似熟蚕，俗称假熟蚕，临死时，吐消化液致使周围的蚕座被污染，容易误将本病假熟蚕当做正常蚕捉到簇上，但它不会营茧，成为不结茧蚕，死亡于簇中。②起缩：有些病蚕虽能通过眠期，但饷食后1～2天内发病，停止食桑，体壁多皱，体色灰黄，蚕粪黏腻。生产上在第 4、第 5 龄饷食后较为多见。③下痢：病蚕都伴有下痢，粪形不整，呈糜烂黏着症状。粪色呈褐色、绿色以至白色。群体症状：由于本病属于慢性传染病，在稚蚕期感染发病，开始看到蚕体发育慢和特小蚕，以后蚕体大小开差越来越大，在同一蚕匾内出现不同发育龄期的蚕。病蚕食桑减少，身体软弱无力，常静伏于蚕座或爬向蚕座边缘。根据以上病蚕症状，可初步判定为本病，但须注意与细菌性肠道病等相区别。

B.3 家蚕细菌性败血病的识别

家蚕幼虫、蛹、蛾都有可能因感染细菌而发生败血病，因感染时期不同而表现的病症也不一样。引起败血病的细菌种类虽然很多，但蚕患病后的症状大致相同。首先是停止食桑，体躯挺伸，行动呆滞或静伏于蚕座。接着胸部膨大，腹部各环节收缩，少量吐液，排软粪或念珠伏粪。最后痉挛侧倒而死。初死时，有暂时尸僵现象，其胸部膨大，头尾翘起，腹部向腹面拱出，略似菱形，腹足后倾，各环节间由于紧缩而中央稍鼓起，而其体色与正常蚕无明显差别。不久，体壁松弛，体躯伸展，头胸伸出，软化变色。而后，全身柔软扁瘪，内部器官离解液化，腐败发臭，仅剩下几丁质外皮，稍经振动，流出污液。蚕体死后，因感染的细菌种类不同，表现的症状也有不同。

黑胸败血病蚕死后不久，首先在胸部背面或腹部 1～3 环节出现墨绿色尸斑，尸斑很快扩展变黑，最后全身腐烂，流出黑褐色的污液。

灵菌败血病蚕尸体变色较慢，有时在体壁上出现小园斑，随着尸体组织的离解液化而渐变成红色，这是细菌分泌色素的结果，最后流出红色污液。

青头败血病蚕死后不久，胸部背面常出现绿色尸斑，由于该病菌繁殖时能产生气体，所以在尸斑下出现气泡，俗称泡泡蚕，但并不变黑。

患病蚕蛹迅速死亡。蛹体腐烂变黑，稍经振动，流出黑色或红色污液，并常造成一批接一批蚕蛹相继感染死亡。除急性败血病外，还有一种球菌引起的败血蛹。这种败血蛹发病缓慢，染病后首先背脉管颜色逐渐加深成黑褐色，死后尸体亦不迅速腐败。

蚕蛾患败血病后，鳞毛污秽，运动呆滞，胸足僵硬，翅不展张而极易折断和脱落，常死于交配或产卵过程中。死后腹内器官组织离解液化，节间膜或鳞毛脱落处，透视腹内呈现黑褐色或红色，最后腹部变成一堆污液，仅剩下头、胸部和翅部。

各种细菌性败血病在死亡前较难发现，一般根据死后的症状判断。

B.4 家蚕细菌性中毒病的识别

该病是家蚕食下苏芸金杆菌及其变种所产生的毒素而引起的，以大蚕期发病较多。有急性中毒和慢性中毒两种症状。

急性中毒症状：蚕食下大量毒素后，经数十分钟至数小时中毒死亡。主要表现为食桑突然停止，前半身抬起，胸部略膨胀呈不安状，有痉挛性颤动，体躯麻痹，进而腹脚失去抓着力，尾脚向内卷缩。尾部萎缩翘起，头部缩入呈钩嘴状，横卧死于蚕座。初死时体色尚无变化，手触尸体有硬块，后部空虚，有暂时轻度的尸僵现象。

慢性中毒症状：蚕食下极少量毒素，经2～3天后，逐渐表现为食桑减退，发育迟缓，继而呈现空头、下痢、肌肉松弛、麻痹、侧卧而死。尸体首先在胸腹交界处的环节变色腐烂，并向头尾扩展，直至全身，最后流出黑褐色污液。

B.5 家蚕细菌性肠道病的识别

该病的症状，表现为食桑缓慢，举动不活泼，体驱瘦小，蚕体软弱，发育不齐，排不整形粪或软粪、稀粪以至污液。由于发病时期不同，表现的症状有所不同。

(1) 起缩蚕：饷食后食桑很少，逐渐停食，生长迟缓，体驱细小，体壁缩皱，体色灰黄，呆滞，最后萎缩而死。在龄中发病，因不食桑而体躯瘦小，软弱无力。

(2) 空头蚕：发生于各龄盛食期。蚕的食欲缺乏，消化管前端没有桑叶片，充满液体，胸部膨大，昂起呈半透明，体壁无光泽，排不整形粪或稀粪，陆续死亡。

(3) 下痢蚕：病蚕排不整形软粪或念珠状粪，最后排出黏液，污染尾部，逐渐死亡，濒死前往往伴有吐液现象。

该病的症状与中肠型脓病相似，在淘汰病蚕、改善饲育条件和添食抗生素等措施后，病情有明显好转的情况下，可初步诊断为该病。

B.6 家蚕白僵病的识别

蚕体感染白僵病后，在感染初期，外观与健康蚕无异。病程进展到一定程度，蚕体就出现油渍状病斑或褐色病斑。病斑的出现部位不定，形状不规则。病斑的出现是病菌侵入引起几丁质外皮变性所致。当感染菌量少时，病斑的出现也随之减少乃至完全不显现。病斑出现后不久，病蚕食欲急剧丧失，有的还伴有下痢和吐液现象，很快死亡。

初死时，尸体头胸向前伸出，体躯松弛，可以任意绕折，而后随体内寄生菌的发育而逐渐硬化。经1～2天，从气门、口器及节间膜等处首先长出菌丝，并逐渐增多，不久，除头部外，全身被菌丝和白色分生孢子覆盖。

第5龄后期感染，常在营茧后死去，所结的茧又干又轻。茧内的病死幼虫或蛹体收缩干瘪，往往仅在皱褶的节间膜处长出菌丝和分生孢子，其数量也远远不及结茧前幼虫尸体上那样多。化蛹后感染白僵菌有的到化蛾后死亡，这种病蛾，尸体扁瘪干脆，翅足很易折落。

蚕体感染白僵病后，经3～7天死亡。稚蚕死亡快，壮蚕慢；同一龄中，盛食蚕感染慢。

白僵病主要是根据病蚕体表出现的病斑以及病蚕死后长出的白色分生孢子来进行识别。

B.7 家蚕绿僵病的识别

绿僵病的发病过程较白僵病缓慢，感染后7～10天才发病死亡。蚕感染后至发病死亡，前期和中期无明显病症，直至后期方见食欲减退，发育明显迟缓，逐渐在体壁上形成少数黑褐色圆形或云纹状病斑。病斑大小不一，多数边缘色深，中间色淡，呈环状。病斑形成后，经1～2天停止食桑，不久死去。初死时，蚕体伸直较软，略有弹性，体色乳白，逐渐硬化。死后经2～3天，在节间膜及气门处首先长出白色气生菌丝，逐渐扩展布满全身。随后长出绿色分生孢子，全身变成鲜绿色的僵硬状态。

绿僵病主要是根据病蚕体表出现的病斑以及病蚕死后长出的绿色分生孢子来进行识别。

B.8 家蚕曲霉病的识别

该病在第1～2龄发生较多，其症状不明显。发病时只见食桑不良，经过稍不齐，这种情况出现后的第2天就可见到很多死蚕。尸体稍带黄色，体躯局部出现缢束，约经1个晚上，尸体表面就长出黄绿色或棕色的曲霉菌集落，逐渐覆盖全身。第1龄感染，常在第1眠中至第2龄起蚕，一批接一批地发病死亡，多数呈半脱皮蚕或不脱皮蚕。

第3龄以后由于蚕的抵抗力明显增强，发病较少，大多数是零星发生，且病势也减缓。被感染的蚕，往往在肛门部呈现不正形黑褐色大病斑，一般都伴有吐液现象，有的引起脱肛、粪结、不脱皮或起缩等症状。死后在其病斑部位手触有一硬块，以后硬化部位稍稍向四周扩大，并长出气生菌丝和分生孢子，其他部位则软化发黑腐烂。第4～5龄感染发病，病势稍趋缓慢，病程4～5天。

上蔟时感染的病蚕，大多死于茧中，有的还能化蛹。蛹期发病后，体色灰暗，体壁上出现黑褐色病斑。尸体干瘪、缩小、僵硬，常在节间膜和气门处生出气生菌丝和分生孢子。温湿度高时病菌还可侵入茧层，变成霉茧。

蚕种保护和催青过程中。如遇高温多湿，蚕卵表面也易受曲霉菌寄生，造成胚胎窒息而死，变成霉死卵。

B.9 家蚕微粒子病的识别

家蚕微粒子病是一种慢性病，发病经过时间因感染早迟、病势轻重而不同。胚种传染孵化的蚁蚕或第1～2龄感染的。在第3龄前后发病，陆续死去。第3龄感染的大多死于上蔟前，部分死于蛹期，极少化蛾。第4～5龄感染，特别是第5龄感病的轻病蚕，能带病生活完成世代。所以蚕、蛹、蛾、卵都有患病的可能。

养蚕群体在发生微粒子病以后，往往表现为群体发育不齐、大小不匀和尸体不易腐烂等症状，但幼虫、蛹、蛾和卵期都有其不同的症状。在轻度感染或感染初期病蚕的症状不明显。

幼虫期的症状：蚕期的病症都是由早期感染蚕产生。患病个体均发育不良，经过延长，食欲减退，蚕体瘦细，行动滞缓，眠起时多半蜕皮蚕、不蜕皮蚕及封口蚕。死蚕萎缩，呈锈色或黑褐色，不易腐烂。体黑色瘦小。食桑极少，落小而死。轻病者虽能带病生活，但迟眠迟起，在第2～3龄陆续死去。蚁蚕感染的病症大致同上。第2～3龄感染的可延长到壮蚕期发病，常在眠起饷食后，经2～3天体壁多皱而身体仍不见长大，起缩而死，体呈锈色，尾角焦黑。少数病蚕体壁上生出形状不整、浓淡不一的黑褐色小病斑。病重蚕老熟时吐丝少，易结薄皮茧或畸形小茧，多裸蛹或蔟中死蚕。第4～5龄感染的病蚕大多看不到病症。

蛹和蛾期的症状：第3龄感染的发病蚕，一部分能结茧，但多裸蛹或半蜕皮蛹。病蛹皮色失去光泽，腹部膨大松软，对刺激反应弱，易死于茧中。

轻病蚕蛹大多能化蛾，病蛾的羽化时间通常比健康蛾迟，羽化所费时间也较长，有些在羽化中途死去。已羽化的蛾体弱不活泼，交配力差，寿命短，蛾的外观也较差，表现为拳翅、黑星、焦尾、秃毛、大肚等。以上种种表现是该病蛾常有的病症，但绝非具有这些病症的都是该病，在蚕种生产上都列为不良蛾而予以淘汰。感病迟的轻病蛾，大部分的外观与健蛾相仿，并无明显病症可见，活动、交配、产卵也无异状。

卵的症状：病重蚕蛾所产蚕卵，常表现为卵粒稀少、排列不整、叠积卵多，黏着力差，容易脱落，不受精卵及死卵多，胚子常在蚕种保护或催青中死去。轻病蚕蛾所产卵与健蛾卵无异。

B.10 家蚕蝇蛆病的识别

家蚕蝇蛆病是由多化性蚕蛆蝇在蚕体上产卵寄生引起的。雄蝇体长约12mm，雌蝇体长10mm，腹部有3个环节，腹面有胸脚3对，背面有4条黑纵带，中胸背面两侧有一对灰色半透明的膜状翅，后胸背面两侧有后翅退化来的“平衡棒”1对，飞翔时可保持身体的平衡。

家蚕从3～5龄及上蔟时期均可被蚕蝇蛆寄生为害。最明显的病症是在寄生部位形成黑褐色喇叭状的病斑。病斑的形成，实际上是侵入蚕体内的蛆体周围形成喇叭形鞘套的过程，鞘套透过皮肤呈现成蚕体上的病斑，初时较小、褐色，随着蛆体的增大，病斑也增大，颜色逐渐变成黑褐色。因此，观察病斑的大小及多少可判别其受危害的程度。病斑上初时带有蚕蛆蝇的卵壳，当卵壳脱落后，可见一孔，此乃蛆体呼吸的孔道，如被堵塞蛆体则会向其他部位转移。由于蛆体的迅速长大，使蚕体肿胀或向一侧扭曲。蚕蝇蛆寄生的蚕有时体色会变成紫色，易被误认为败血病，实际上是蚕的体液被氧化所致。在5龄期被寄生的蚕，一般都有早熟现象，因而在始熟蚕中寄生率很高。5龄后期被寄生的蚕可上蔟结茧或化蛹，如结茧后蛆体始行蜕出，则使蛹体死亡，成为死笼茧、薄皮茧或蛆孔茧。

B.11 家蚕农药中毒的识别

B.11.1 急性农药中毒

大多数蚕农药中毒后，有兴奋、痉挛、麻痹和死亡几个阶段。蚕一旦食下或接触农药，往往表现出异常举动，如乱爬、翻身打滚、头胸大幅度摇摆或忌避桑叶等，接着大量吐液，麻痹后大多体躯弯曲，有时蚕拒不食桑、胸部略膨胀、静伏蚕座、吐乱丝等，均可疑为农药中毒。此时，可根据中毒蚕的症状特点与农药种类的关系进行诊断。当蚕接触微量农药后，有时虽不表现上述急性中毒症状，但这种蚕用手接触易见吐液，蚕徘徊蚕座四周逸散，多吐丝现象，发育不齐，可初步诊断为农药中毒。

B.11.1.1 有机磷农药中毒

多数有机磷农药具有胃毒、触杀作用，有的还具有内吸作用（乐果、甲胺磷）和强烈的熏蒸作用（敌敌畏、敌百虫）。它们引起蚕中毒的症状大致相同。以敌百虫为例，敌百虫可以通过接触、食下而引起急性中毒，潜伏期短。蚕中毒后停止食桑，有向四周乱爬等避忌反应，继而头部收缩，胸部膨大，痉挛，吐液，有时污染全身。排不正形粪或带红色污染，最后麻痹而倒卧于蚕座，濒死时腹足抽搐，前半身膨大肿胀，后半身皱缩。特别后端几环节更为明显，并有脱肛现象。

敌敌畏有击倒作用，在几分钟内使蚕中毒死亡。

B.11.1.2 有机氮农药中毒

（1）杀虫双中毒：杀虫双主要成分为沙蚕毒素，中毒蚕表现为麻痹瘫痪症状，静伏蚕座，不食不动，体色不变，但背脉管仍有搏动，不吐液，逐渐死亡；轻度中毒则出现不蜕皮、半蜕皮、蜕皮出血、不结茧等现象，尸体不腐烂。

（2）杀虫脒中毒：杀虫脒属甲脒类农药，有一定的胃毒、触杀和内吸作用，蚕对其有拒食忌避性。中毒蚕表现为兴奋、避忌、拒食桑叶、向四周爬散并吐乱丝等现象。经过一段时间乱爬以后，慢慢死去；轻症者脱离毒物后仍能生存，甚至上蔟结茧。

B.11.1.3 拟除虫菊酯类农药中毒

该类农药对蚕有强烈的触杀作用，并具有一定的胃毒和拒食作用。该类农药中毒蚕的症状大致相同。中毒初期，蚕头、胸略举，胸部膨大，尾部缩小，继而痉挛，头部及尾部向背面弯曲，几乎可以互碰；不定期表现乱爬现象；腹足失去把持力，常在叶面上翻滚仰卧；临死前口吐肠液，尸体缩小，蚕体胸腹部弯曲似螺旋状，蜷曲而死。

B. 11. 1. 4　植物性杀虫剂中毒

烟草（主要是烟碱）中毒：烟碱可以通过触杀、胃毒及熏蒸作用使蚕中毒。中毒蚕潜伏期短，麻痹期长。初期胸部膨大，头部及第一胸节紧缩，前半身昂起并向后弯曲，大腭时而开合，吐液，排念珠状粪或软粪；以后进入麻痹期，此时头胸部肌肉麻痹松弛，吐出大量黄褐色肠液，腹足失去把持力而倒卧蚕座。轻者如及时发现，立即除沙，移到通风处，喂新鲜桑叶，经过一定时间后有部分复苏，复苏后蚕体质和茧质无大影响。这是与其他中毒症的不同之处。

B. 11. 1. 5　鱼藤精（主要是鱼藤酮）中毒

鱼藤精对蚕具有触杀和胃毒作用。蚕中毒（经数分钟或数小时）后，停止食桑，静伏不动，呆在蚕座上，渐次麻痹，不乱爬，很少吐肠液，胸部不膨大，体躯不缩短，腹足失去把持能力，倒卧于蚕匾；初呈假死状，背脉管仍作微弱搏动，经数小时后，体躯伸直而死。中毒过程中以不乱爬、不吐液、体躯不缩短为特征。

B. 11. 2　微量农药中毒

蚕受微量农药危害时，开始不表现症状。后来，由于农药不断在体内积累而引起蚕的生理障碍，表现为生长发育不齐，体质虚弱，对疾病的抵抗力降低以及不结茧等。

不同发育阶段的蚕对农药的感受性不一样，一般小蚕期比大蚕期敏感。但从整个饲育成绩来看，5 龄蚕遭受微量农药中毒的危害却比小蚕更大。因此，防止 5 龄后期微量农药中毒，是预防不结茧蚕，减少畸形茧的有效措施。

B. 12　家蚕氟化物中毒的识别

氟化物引起蚕中毒因桑叶中氟化物的浓度、家蚕的品种及龄期不同而异，一般桑叶中的含氟量（干物计）在 35～50mg/kg 就会对蚕有害，且表现出中毒症状。小蚕中毒，首先表现出食欲减退，眠性推迟，龄期经过延长，群体发育显著不齐。继而体躯瘦小，体壁多皱，体色略呈锈色，胸部萎缩，空头空身，在眠前蚕体隆起，产生黑色环斑；大蚕中毒，群体发育差异较小，但中毒蚕有的节间膜隆起，形似竹节，且节间膜上出现由黑点连成的环状轮斑，有的腹部各环节出现成片状粗糙的黑褐色病斑，病斑易破，但血色正常。中毒蚕排粪困难或排念珠状粪，有的第 5 腹节以后呈半透明，最后全身透明，吐液而死。尸体多呈黑褐色，不易腐烂。

氟化物中毒蚕从群体上看表现为发育显著不齐，蚕就眠迟缓或难以入眠，龄期延长，蚕体大小开差大。病蚕在节间膜处出现带状病斑，有时环节间膜肿起，成竹节蚕。病斑易破，流出淡黄色体液。

附 录 C

蚕病综合防治技术措施
（规范性附录）

蚕病防治必须坚持“预防为主，综合防治，防重于治”的方针。严格控制病原体扩散传播。及时处理蚕沙、病蚕和旧蔟等污染源。同时消毒，控制和消灭病源。严格执行消毒防病卫生制度，及时防治桑园害虫、杜绝交叉感染。加强桑园管理，提高桑叶质量，增强蚕儿体质。实行桑叶叶面消毒，减少病原菌食下传染。加强夏秋蚕期不良气象环境调节，加强饲养管理，增强蚕儿体质。

C.1 病毒病的防治

C.1.1 掌握病毒来源、传染途径和发病规律

病毒病的传染源是病蚕排泄物及尸体；病毒污染的蚕具、蚕室及周围环境；野外病虫排泄物、尸体。传染途径以食下传染和创伤传染为主。其发病规律主要是：高温闷热的夏秋季容易发病，蚕龄越小，蚕就越容易感染病毒病。

C.1.2 病毒病的防治技术措施

（1）严格做到养蚕前后彻底消毒。

（2）严格提青分批，加强饲养管理，增强蚕儿体质。确保桑叶适熟新鲜、营养充分；为蚕儿生长发育创造一个良好气候；做好眠起处理，使蚕群体发育齐一，增强蚕儿体质，增强抗病能力，技术处理做到“轻、精、细”，防止蚕体创伤。

（3）做好桑园害虫的防治工作，杜绝野外昆虫病毒病引起的交叉感染。

C.2 细菌病的防治技术措施

掌握传染源、传染途径和发病规律。细菌病主要有败血病、细菌性中毒病（猝倒病）和细菌性胃肠病。病源菌广泛分布于桑园、大田和蚕室蚕具及周围环境中。败血病主要是创伤传染。猝倒病和细菌性胃肠病是食下传染，一般在高温多湿和桑叶质量差等情况下易发病。

（1）做好蚕室、蚕具的消毒工作，保持蚕室、贮桑室、蚕座、蚕具、养蚕用水的清洁卫生；加强蚕体蚕座消毒；贮桑室每天要清洗、消毒，加强桑叶采、运、贮管理，保证桑叶质量，尽量避免湿叶贮藏，或堆桑过厚，严禁饲喂蒸热发酵的桑叶。

（2）细致操作，防止创伤感染。蚕头疏密适当，提倡用蚕网除沙。

（3）注重环境调节，增强蚕儿体质，小蚕期要良桑饱食。大蚕期要通风

排湿。

(4) 做好桑园除虫工作，减少传染源。

(5) 添食抗菌素。从3龄起蚕及各令盛食期和老熟蚕前各添食一次蚕用红霉素或其他抗菌素（使用方法见附录A表A-3），发病时可以8h一次，一日连续3次。

C.3 真菌病的防治技术措施

C.3.1 掌握传染源、传播途径和发病规律

僵病的传染源主要是病蚕尸体、蚕沙、发过本病的蚕室、蚕具、野外昆虫及真菌农药等，传染途径主要是接触传染，其次是创伤传染。其发病轻重与气象环境、蚕品种发育阶段密切相关。

C.3.2 养蚕期间做好蚕室、蚕具的消毒工作

消毒后开窗排湿，蚕具要在日光下充分曝晒。蚕期中做好蚁蚕、各龄起蚕和熟蚕几个易感期的防病工作。

C.3.3 控制蚕室的温度、湿度

要针对蚕龄大小和当时的气象情况，升温排湿，通风换气。多用吸湿材料、勤除沙等措施，改善饲育环境。

C.3.4 正确处理病蚕和蚕沙

蚕沙要集中堆放，经过充分腐熟后，才能施入桑园，使用过的蔟具应经过消毒后方能使用，病蚕要放入消毒缸内，集中深埋土中，蚕区禁止使用白僵菌等微生物农药。

C.3.5 做好桑园除虫工作，消灭传染源

野蚕、桑螟、桑尺蠖等桑树害虫都有僵病发生，切断交叉传染的途径。

C.4 蝇蛆病的防治技术措施

C.4.1 “灭蚕蝇”的应用

具体使用方法见附录A表A-4。

C.4.2 农业方法杀灭蝇蛆和蝇蛹

遭本病危害的早熟蚕要分开上蔟，结茧后应及时收、烘蚕茧，杀灭茧内蝇蛆，以防止出蛆破坏茧质。蚕茧收购站是蛆、蛹聚集场所，应尽早收集杀灭。蚕室门窗设置纱窗隔离防护。

C.5 农药中毒的预防与处理

由于农药中毒大多数是突然发生，中毒蚕很快吐液，麻痹死亡，且迄今为止，一旦发生农药中毒后，尚无有效的解毒措施，故农药中毒的防止应着眼于预防。

C. 5. 1 严防农药的污染

农药污染多数情况是通过污染桑叶形成的，为预防农药中毒，必须采取隔断农药污染的途径，具体措施如下。

（1）防止农药污染桑叶。

（2）防止蚕室、蚕具和养蚕用品被农药污染。

（3）防止饲养人员的农药污染。

（4）采叶试养。

C. 5. 2 掌握常用农药的残效期，以防误食留有残效农药的桑叶

桑园施药治虫后，要牢记施药时间，在残效期内不能采叶喂蚕。残效期又因天气、用药浓度而有变化，要注意掌握。

C. 5. 3 中毒蚕的处理

发现蚕农药中毒，立即打开门窗，通风换气，保持空气新鲜。蚕座内立即撒隔离材料，及时加网除沙，以隔离毒物。中毒的大蚕吐液较多，放到阴凉通风处，再喂以新鲜无毒桑叶，当部分蚕复苏后，应加强管理。烟草中毒蚕会自然复苏，不要轻易倒掉。被农药污染的蚕匾、蚕网等蚕具应立即更换，用碱水洗涤，日晒后再用。根据蚕中毒的症状以及农田、桑园等用药情况的调查，分析中毒原因及有毒桑叶的来源，避免因毒源不明而继续发生蚕中毒。

C. 6 氟化物污染的预防措施

C. 6. 1 工厂设置和桑园规划必须统筹兼顾

工厂排出的氟化物对桑、蚕有影响的距离因工厂的种类、规模、烟囱高度以及排出量的多少而有差异，同时还与当时的风向、风力强弱、地形及气温等因素有关，因而难以做出普遍性的规定。但一般要求在桑园附近尽量不建有污染的工厂，另外要求工厂搞好废气回收，按照国家的标准排放废气，以免废气污染而引起蚕中毒。

C. 6. 2 建立大气、桑叶含氟量检测制度

建立大气、桑叶含氟量检测制度，及时了解大气污染和桑叶受害程度，必要时对桑园周围的污染工厂采取短期停火措施，以降低大气中氟的浓度。

C. 6. 3 减轻桑树的受害

在干旱季节，工业废气污染源附近的桑园，在用叶前进行喷灌，以冲洗去桑叶表面的氟化物。

C. 6. 4 降低喂饲桑叶的含氟量

在发现蚕有氟化物轻度中毒症状时应及时更换含氟量低的桑叶喂饲，可使蚕得到恢复。在无其他桑叶可换的情况下，对污染桑叶进行水洗，或用饱和石灰水浸洗。

DB61

陕 西 省 地 方 标 准

DB61/T388.9—2007

小蚕共育技术标准

2007-03-30 发布　　　　2007-03-30 实施

陕西省质量技术监督局　发布

前　言

本标准由陕西省农业厅提出并归口管理。

本标准由安康市蚕桑技术推广工作站、安康学院、石泉县蚕桑发展局负责起草。

本标准主要起草人：陈正余、胡必利、梁华丽。

本标准由安康市林业局负责解释。

1. 范围

本标准规定了小蚕共育定义、形式、准备、技术要求、分蚕。

本标准适用于小蚕规模饲养。

2. 规范性引用文件

下列文件的条款通过本标准引用而成为本标准的部分条款。凡是注明日期的引用文件，其随后所有的修改单（不包括勘误的内容）均不适用于本标准。然而鼓励本标准达成协议的各方研究是否可使用这些文件的最新版本。凡不注明日期的引用文件，其最新版本适用于本标准。

DB61/T388.6　桑蚕饲育技术规程

DB61/T388.7　蚕室蚕具及附属设施技术要求

DB61/T388.8　蚕病防治消毒技术规程

3. 术语和定义

小蚕共育：把一定批量的小蚕集中在饲养条件和技术条件好、养蚕设备完善的单位或专业户中饲养，从补催青、收蚁直至饲养到3龄或4龄起蚕第二次喂叶后，分发给各养蚕户饲养的一种分段养蚕方法。

4. 形式

4.1 规模

每个共育室应集中共育20～30张。

4.2 时间

春、夏、秋三季都可进行。共育到3龄饷食9天，4龄饷食13天。

5. 准备

5.1 共育室

能通风换气、保温、保湿、白壁墙、六面光、便于消毒。

5.2

每人饲养4～5张。

5.3 物料

按DB61/T388.7标准规定执行。

5.4 桑叶

5.4.1 用叶标准

共育到3龄饷食15kg/张，4龄饷食30kg/张。张种保证有效蚕头数22 500头。

5.4.2 桑叶折算办法

收蚁用叶1kg折算2kg，第一天用叶1kg折算1.5kg，第二天以后1kg算1kg，不折算。各龄饷食用叶1kg折算1.2kg，龄中用叶1kg算1kg，不折算。

6. 技术要求

6.1 消毒

按DB61/T388.8标准规定执行。

6.2 补催青

按DB61/T388.6标准规定执行。

6.3 收蚁

按养蚕户数和张数编号分区收蚁。1张种分两区收蚁，每区按0.5张、0.25张收蚁分区。

6.4 饲养方法

按DB61/T388.6标准规定执行。

6.5 要求

饲养中结合温度、叶质、给桑方法，精心饲养，促使发育整齐。编号不乱，每区蚕绝对分开饲养。

7. 发蚕

把小蚕按收蚁时的张数编号，抽签后，对号发蚕。

DB61

陕 西 省 地 方 标 准

DB61/T388.10—2007

省力化养蚕技术规程

2007-03-30 发布 2007-03-30 实施

陕西省质量技术监督局 发布

前　　言

本标准由陕西省农业厅提出并归口管理。

本标准由安康市蚕桑技术推广工作站、安康学院负责起草。

本标准主要起草人：陈正余、胡必利。

本标准由安康市林业局负责解释。

1. 范围

本标准规定了小蚕饲育箱、省力活动蚕台、大棚养蚕技术。

本标准适用于无小蚕专用蚕室的分户饲养、大蚕规模化饲养。

2. 规范性引用文件

下列标准中的条款通过引用而成为本标准的部分条款。凡是注明日期的引用文件，其随后所有的修改单（不包括勘误的内容）均不适用于本标准。然而鼓励本标准达成协议的各方研究是否可使用这些文件的最新版本。凡不注明日期的引用文件，其最新版本适用于本标准。

DB61/T388.6 桑蚕饲育技术规程

DB61/T388.8 养蚕消毒防病技术规程

商务部“东桑西移”工程蚕桑基地项目建设技术规范参考指南（2006 年）

3. 术语和定义

3.1 省力化养蚕技术

由小蚕饲育箱、大蚕简易活动蚕台和大棚养蚕等技术组成的新的养蚕形式，配合使用或单独使用都能达到省力、省工、省投资的效果。

3.2 小蚕饲育箱

用木条做骨架，四周用无毒聚乙烯塑料薄膜紧围而成的专用饲育小蚕的工具。

3.3 省力活动蚕台

由自制竹笆做成简易活动蚕台和多功能塑料编织布及编织蚕网组成的养蚕工具，能达到省力高效的效果。

3.4 大棚

在室外，用一定材料建成的用做某种用途的简易临时房间。

3.5 钢管塑料养蚕大棚

以钢材、镀锌钢管（或水泥骨架）、农用塑料薄膜等为主要材料搭建而成，供养大蚕用的大棚。

3.6 竹木塑料养蚕大棚

以竹木、农用塑料薄膜等为主要材料搭建而成，供养大蚕用的大棚。

4. 小蚕饲育箱养蚕技术规程

4.1 制作

4.1.1 规格

箱高 130cm（放蚕盒格高 8cm，底箱格高 14cm），箱的脚架高（距地面）40cm，箱为长方体形，内空进深 60cm，宽 55cm，箱顶用木板（或纤维板）覆盖，盖板正中开直径 10cm 的气孔，箱底用木板（或硬纤维板）制成，并开两圆形孔（直径 10cm），导入热源。养蚕盒按箱内空宽窄、大小制作，盒底钉纱网。箱的正面开门，箱内挂干湿计测定温湿度，以利调节温湿度。每箱 8 格（层），可养 1 张蚕到 3 龄。

4.1.2 制作

按附录 A 中图 A-1 图形制作。

4.2 使用技术

4.2.1 消毒

在养蚕前 5 天将饲养箱洗净，在太阳下打开箱门曝晒 2 天后用有效氯 1%消特灵液喷洒消毒，然后与大蚕室、蚕具一起用毒消散或硫黄熏蒸。

4.2.2 温湿度调节

按表1规定执行。

表1 小蚕饲育箱养蚕温湿度调节方法

温度类型 湿度类型	高温	适温	低温
多湿	打开上下部换气孔，采取降温措施，多撒石灰、防僵粉、焦糠等	打开上下部换气孔，每次给桑前在蚕座内撒焦糠、新鲜石灰粉等。可以用木炭微火升温	盖上顶部换气孔，采用木炭或灯泡升温，多撒石灰粉、焦糠等
适湿	打开顶部换气孔，来换气调节，盖上底部热源孔和移开热源	关闭上下部换气孔，保持标准温湿度	盖上顶部换气孔，打开底部热源孔升温。白天放在太阳下升温，防止直射；夜间或阴雨天，将温水瓶放入温箱热源孔升温。也可用木炭升温
干燥	打开上下部换气孔，在地面、箱四周的薄膜上喷凉水或用盆盛满清水放置在木箱内，也可在箱四周和顶部用湿草帘围紧	盖上顶部换气孔，在箱内或四周撒热水	盖上顶部换气孔，用热水瓶放入下部热源孔，开盖升温补湿或木炭微火上放补湿盆补湿

4.2.3 合理换气

每次给桑前10min打开箱门换气，给桑后关闭。每隔2h观察、记载1次温湿度，每天早、晚上下调换蚕盒2次。

4.3 饲育技术要求

按DB61/T388.6标准规定执行。

5. 省力活动蚕台养蚕技术规程

5.1 蚕台制作

5.1.1 蚕台规格

长2.5m，宽1.2m，一套10层，每层$3m^2$，一套蚕台总面积$30m^2$，饲养1

张蚕。1套蚕台需编织布10块，编织网20张，尼龙绳4根，尼龙圈（或铁丝圈）40个。

5.1.2　框架制作

将直径4～6cm的慈竹（或斑竹）裁成3m作为长边，侧部确保净空1.2m，两端留出30cm，并将这30cm削去半边，以微火烤软弯过来，以2.5m×1.2m为净空扎成长方形，再横向捆扎4根横杆。

5.1.3　蚕台制作

用竹片编成两块竹笆折放于框架内，将纺织布放在竹笆上。

5.1.4　绳套及组合

将四根尼龙绳折双，根据蚕台框架的宽、窄分别悬挂在蚕室（或顶棚打四颗膨胀螺丝）楼枕上，或挂在室外房屋阶檐边。需要固定某一层蚕台的高度时，用尼龙圈或铁圈分别将四角的两根吊绳套上，合成四组绳套，把蚕台放在绳套以上的悬套中，借助蚕台的重力，绳圈绷紧托住蚕台。需要升降时，一手托住蚕台，一手移动尼龙圈或铁圈。绳子不能交叉，尼龙圈或铁圈移动时，绳子收拢减少阻力。

5.1.5　制作形状

按附录A中图A-2制作。

5.2　活动蚕台使用方法

5.2.1　喂养

3～5龄蚕用蚕台，气温低时，用纺织布围台饲育，从上至下逐层喂养，缩短层间距离，延迟桑叶萎凋，吃完桑时，再加大层间距离，使蚕座干燥。

5.2.2　除沙

用2.5m×1.2m纺织网在除沙前2h加盖于蚕座上。除沙前一次给桑从蚕台下层向上层喂起，给桑后将蚕台置于吊绳下部，除沙从上至下进行，用铁丝钩钩起下层蚕网挂在上层蚕台上，将挂有蚕网的上层台升高，蚕网悬于空中，抖动悬空蚕网，抖掉蚕沙和残桑，把纺织布连蚕沙卷起，倒掉蚕沙，再铺上纺织布，降下悬有蚕网的上层蚕台，取掉铁丝钩，将悬空蚕网放在铺好的纺织布上，除沙完成。

5.3 上蔟

5.3.1 自动上蔟

按产品使用说明操作。

5.3.2 方格蔟和塑料折蔟上蔟

按DB61/T388.11标准规定执行。

6. 大棚养蚕技术规程

6.1 养蚕大棚类型与选择

根据实际需要，养蚕大棚分为专用型和兼用型。专用型，专门用来养蚕；兼用型，非养蚕时，大棚还用来种植蔬菜、栽培食用菌和养殖其他家禽家畜。

6.1.1 养蚕大棚地点选择

大棚宜选在地势高、干燥、平坦、交通便利，远离稻田、果园，距桑园较近、无病源污染的空旷之处。若专用于养蚕，则宜选择树阴下，以利遮挡直射阳光，防止白天棚内温度过高；若兼用于栽培蔬菜等作物，则要考虑土壤质地、肥力等条件。

6.1.2 养蚕大棚朝向选择

大棚以南北向为好，棚内温度和光线分布比较均匀，有利于通风。

6.1.3 养蚕大棚规模选择

大棚的建造面积，应根据农户的养蚕规模而定。每张蚕种需面积30～40m²。

6.1.4 养蚕大棚规格选择

大棚长15m、宽5m、高2m。各类养蚕大棚见附录A中图A-3。

参照商务部“东桑西移”工程项目建设技术规程参考指南（2006年）。

6.2 养蚕大棚建造

6.2.1 地面

棚内地面高出棚外10cm，以水泥地面为好，便于消毒、防潮湿、防蚂蚁。

6.2.2 墙体和立柱

墙体用厚度为24cm的砖。内墙抹麻刀灰面，四周底部抹20cm高的水泥裙。外墙抹石灰面或麦秸泥，前后墙安装沿板。立柱用水泥预制件，规格和数量为360cm的7根，290cm的14根。为便于通风和养蚕操作，前后墙高不低于1.8m，棚脊高不低于3m。

6.2.3 门窗

用铁制或木制门窗。大棚两端各设1门，宽1m、高2m。窗宽1.2m，高1.5m，田字形，并配窗扇或活动塑料布及固定窗纱。窗与窗之间距离不超过1.3m。

6.2.4 棚面和棚顶

棚面用竹竿、木棍或金属管，纵横骨架须连接牢固。棚架上盖一层塑料膜。

6.2.5 降温、排湿设备

夏秋蚕期高温多湿，应配备一定通风排湿设备。每间在顶部安装1个宽30cm、高50cm的通气孔，并制作活动顶盖。大棚两山顶端各安装1个排气扇，以利无风时强制排湿。温度过高时应在棚内安装适量的风扇。

6.2.6 加温设备

在棚中间建地火龙，主要用于晚秋蚕和上蔟后的加温，地火龙最好建地上式，有利快速升温和降温。忌用蜂窝煤炉加温。

6.2.7 排水设施

棚墙四周做40cm的水泥面护坡，并顺前后墙各挖排水沟一道。

6.3 大棚配套设施

6.3.1 操作间

在大棚入口处，修建一个 30m² 的操作间，作为小蚕饲育室。

6.3.2 贮桑室

在操作间南面，修建贮桑室，墙和地面全部用水泥抹面。

6.3.3 消毒池

在大棚的一侧修建消毒池，用于蚕具消毒。

6.3.4 蚕沙贮沙池

根据养蚕量，在大棚的附近修建一贮沙池，利用蚕沙生产沼气，供烧水做饭和照明，既解决蚕沙废渣对桑园大棚的感染，还为增强桑园地力提供有机肥料。

6.4 大棚养蚕

6.4.1 大棚小蚕饲育

6.4.1.1 *饲育形式* 采用木框或竹匾叠放式防干薄膜育饲养小蚕，大棚可用做小蚕共育室。1 个大棚可共育 1～3 龄小蚕 10 张，每天 3 回育。蚕匾要架空离地 50cm 高。春季可在棚内设小棚来对小蚕保温保湿。夏秋季收蚁前在地面撒石灰粉作为干燥材料，然后放 10cm 厚消毒过的草帘或麦草，铺平后再撒一层石灰粉，然后放蚕。

收蚁、给桑、眠起处理和蚕体蚕座消毒按 DB61/T388.8 规定执行。

6.4.1.2 *温湿度调控* 1～3 龄小蚕期控制在 25～28℃，白天阳光充足、温度高时要开放大棚两头门，通风降温，夜间或阴雨天温度低，利用管道煤炉加温，管道要通向棚外，防止煤气中毒。干湿差控制在 1～2℃，相对湿度 80%～90%，湿度不足时，可用水喷雾、盖湿布或炉上烧开水等方法补湿。

6.4.2 大棚大蚕饲育

6.4.2.1 *饲养形式* 从 4 龄开始全部采用条桑 1 天 3 回育。用条桑、大枝条时不除沙。春蚕结合伐条；夏蚕期桑树疏芽；晚秋蚕期桑树重剪梢等供给条桑，剪口下部留 2～3 片叶。遇到连续几天高温天气，龄期要缩短，每次给桑要加量；白天温度高可少喂，夜间温度低可多喂。大棚养蚕要重视前期工作，第 5 龄饷食第二天就要给足吃饱。5 龄后期 2 天可适当节省控叶，喂片叶，高温干燥天气早采露水叶，晚采桑叶要喷水补湿，减少萎凋。

6.4.2.2 温湿度调控 大蚕期适宜温度 24～26℃，干湿差 2～3℃。中秋蚕期要防高温闷热；晚秋蚕期夜间要保温排湿。如遇到阳光强烈、温度过高时，要开放两头门，揭开两边薄膜、开天窗、加厚草帘遮盖等方法降温；夜晚或阴雨大风天气低温时，要盖紧大棚，在棚内用管道煤炉加温。每座大棚内需要悬挂干湿温度计 2 个。

6.4.2.3 蚕体蚕座消毒 由于大棚地面育不除沙，所以要比普通育更重视蚕体蚕座消毒工作，尤其要加强僵病的预防。具体做法：四五龄起蚕饷食前用大蚕防病 1 号蚕体蚕座消毒，以后每隔 1 天均撒药 1 次，26min 后，开两头门通风排除药味；第 4 龄第 3 天，第 5 龄第 2 天、第 4 天、第 6 天体喷 300 倍灭蚕蝇；从饷食起，逢单日添食红霉素防治细菌病；给桑前撒石灰粉。发现僵病，每日加用优氯净熏烟剂熏烟。大棚四周开沟撒药防蚂蚁、鼠等敌害。

6.4.2.4 提青分批 做好 4 龄蚕的提青分批工作，提高蚕的发育整齐度，为快速上方格蔟或自动上蔟做好准备。

6.4.2.5 上蔟方法 ①自动上蔟在蚕儿老熟前，用片叶喂蚕，使蚕座平整。见有 5%的熟蚕时，添食一次蜕皮激素（或有 20%熟蚕时使用登蔟剂），第 2 天大批蚕老熟后将方格蔟或折蔟平放在蚕座上，使熟蚕自动上蔟。有 70%的熟蚕爬上蔟具后，提起蔟具悬挂在预先搭好的蔟架上，熟蚕吐丝形成茧形后，拾去游山蚕，集中用清水浸泡 1min，另上蔟。②人工上蔟按 DB61/T388.11 标准规定执行。

6.4.2.6 注意事项 ①发现蚂蚁用氯丹粉，灭蚁灵或 45℃以上 2%甲醛溶液防除；防天敌、老鼠、蟾蜍、有毒气体侵入棚内，严禁大棚附近使用农药。②通风换气及饲养操作时，防止蚕蝇进入。③蚕儿进棚后，做好遮阴工作，防止阳光直射。④大棚建造要牢固，防大风袭击。大棚四周开挖宽 50cm、深 30cm 排水沟，防棚内积水和火灾。

附录 A
各类省力化养蚕立体示意图

（规范性附录）

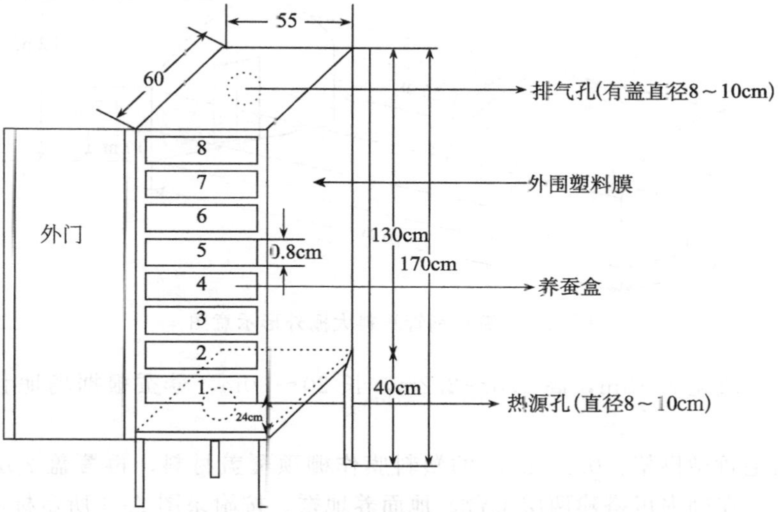

图 A-1　小蚕饲育箱立体示意图

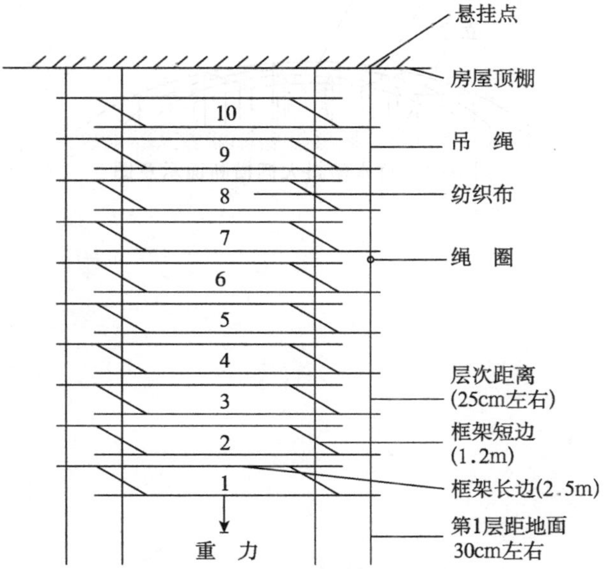

图 A-2　省力活动蚕台示意图

规格大小按每张种蚕座面积 $30m^2$ 的标准，一般根据场地和饲养量可选择 14m×5m、20m×7m、25m×8m 等规格。

用直径 25mm，壁厚 1.5mm 的装配式镀锌大棚钢管做拱架，0.1mm 厚的塑料膜做棚顶覆盖材料，再覆 2 层遮阳网做隔热层。在棚内可搭建 2 层蚕台，也可在地面养地蚕。按图 A-3 所示标准制作。

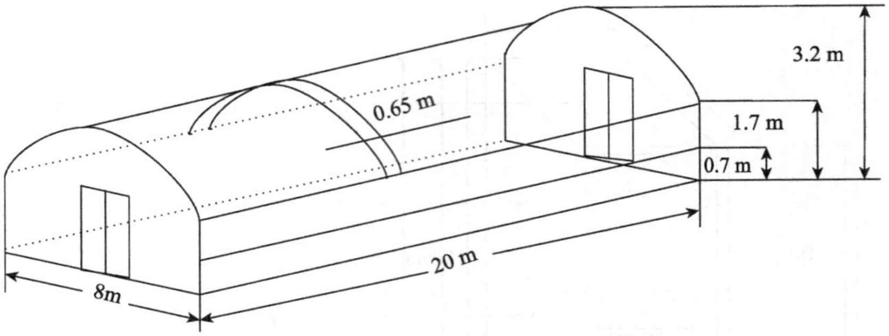

图 A-3　镀锌钢管塑料大棚外形示意图

规格一般宽 3～5m，高 1.8～2.2m，长 20～30m，养蚕根据场地和饲养量确定。

用粗毛竹做拱架，0.1mm 厚的塑料膜作棚顶覆盖材料，再覆盖 2 层遮阳网做隔热层。在棚内可搭建两层蚕台，地面养地蚕。按附录图 A-4 所示标准制作。

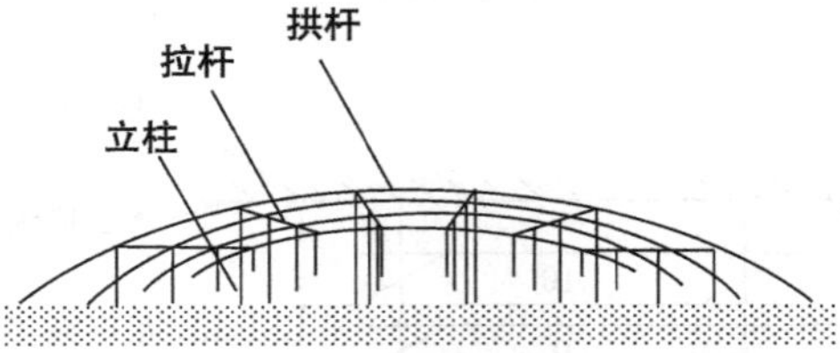

图 A-4　竹木塑料大棚横断面示意图

DB61

陕 西 省 地 方 标 准

DB61/T388.11—2007

优良蔟具使用技术规程

2007-03-30 发布　　2007-03-30 实施

陕西省质量技术监督局　发布

前　言

本标准由陕西省农业厅提出并归口管理。

本标准由安康市蚕桑技术推广工作站、安康学院负责起草。

本标准主要起草人：陈正余、胡必利。

本标准由安康市林业局负责解释。

1. 范围

本标准规定了纸板方格蔟、塑料折蔟使用技术。
本标准适用于桑蚕上蔟结茧。

2. 规范性引用文件

下列标准中的条款通过引用而成为本标准的部分条款。凡是注明日期的引用文件，其随后所有的修改单（不包括勘误的内容）均不适用于本标准。然而鼓励本标准达成协议的各方研究是否可使用这些文件的最新版本。凡不注明日期的引用文件，其最新版本适用于本标准。

DB61/T388.6　桑蚕饲育技术规程

3. 术语和定义

3.1　蔟具

供桑蚕结茧的用具。

3.2　方格蔟

用黄板纸制成规则的长方形小格室，专用于熟蚕一蚕一孔进行吐丝结茧的用具。

3.3　塑料折蔟

用无毒塑料制成折叠式波浪形粗硬直撑塑料网，专用于熟蚕吐丝结茧的用具。

3.4　游蚕（游山蚕）

上蔟初期在蔟具上乱爬寻找吐丝结茧场所的不结茧蚕。

4. 方格蔟使用技术

4.1 规格

4.1.1 156孔

外径 54.5cm×39.5cm×3.1cm，纵向 13 孔，横向 12 孔，孔格为 4.5cm×3cm×3cm。

4.1.2 162孔

外径 54.5cm×41cm×3.1cm，纵向 18 孔，横向 9 孔，孔格为 4.5cm×3cm×3cm。

4.2 制作

4.2.1 蔟框

内层用 2000g/m^2 单层厚纸板或 3 层 530g/m^2 以上的黄板纸胶合而成，再将表层用 80g/m^2 的优质全木浆牛皮纸黏合。

4.2.2 蔟心

用 380g/m^2 以上黄板纸做成。

4.3 上蔟方法

4.3.1 人工上蔟

4.3.1.1 上蔟准备 ①搭蔟架：先在蔟室用竹竿或木杆搭好 2～3 层搁蔟架，层距 50cm。②捆蔟片：将两片蔟并联横放后，上下两端蔟边用细铁丝或线绳捆扎两根小竹棍（或竹片），竹棍两端伸出蔟片 10cm，作挂蔟用。捆蔟时要注意挂蔟后孔格保持横向，以便熟蚕营正形茧。新蔟在上蔟前 7 天将蔟片放在五龄蚕室蚕架上或用蚕沙裹 3 天后上蔟。1 张蚕需方格蔟 160 片。

4.3.1.2 上蔟 先在地面铺一层薄膜，将准备好的蔟片平摊在上面，然后将 320 头左右的熟蚕均匀撒在 2 只蔟片下半部分，约 15min 后即可将蔟片轻轻竖挂在蔟架下层竹竿上，蔟片间距 15cm。在低层竖挂 4h，待蔟片上半片熟蚕 80%

进孔，将方格蔟上下颠倒过来竖挂 4h，待 95%熟蚕进孔后，拣出蔟边的游蚕，用冷水浸 1min 另上蔟，结合翻蔟将下层蔟片竖挂在上层蔟架上，地面铺干草。然后在下层蔟片架上盖一层薄膜或包装纸，收集上层蔟片排下的蚕粪尿和落地蚕。

4.3.2 自动上蔟

有熟蚕 5%时添食 2 次蜕皮激素，或施用登蔟剂（1 张蚕用 50g 樟脑油拌匀 250g 焦糠后混合 1000g 石灰粉），待老熟蚕达 80%以上时，用罗筛或纱布袋装上凳蔟剂、均匀撒在蚕座上，然后将方格蔟直接放在蚕座上，有 80%熟蚕爬上蔟片，将蔟片拣起紧挂在蔟架下层竹竿上，翻蔟方法与人工上蔟方法相同。

4.4 蔟具保管

采茧后，用明火焰飘去蔟片上的浮丝，晒干，50 片 1 捆，保管干燥处。

5. 塑料折蔟使用技术标准

5.1 准备

用无毒塑料注于专制的模具内制成网状折蔟。折蔟呈波浪形状，平时 25 片 1 捆折叠存放，用时展开。折峰高度 9cm，峰间距离 6cm，使用时将两侧端固定，保持峰间均匀，防止结茧时收缩合拢。每平方米上熟蚕 400 头，一张蚕需用 70 片。上蔟前先在空蚕箔中铺一张包装纸或吸湿材料，然后将折蔟放入蚕箔中。

5.2 上蔟方法

5.2.1 人工上蔟

熟蚕全身透明，排出蚕尿时，拣起熟蚕均匀撒在折蔟上。

5.2.2 密度

每只折蔟上熟蚕 400 头。

5.2.3 自动上蔟

有熟蚕 5%时，添食蜕皮激素或施用登蔟剂，熟蚕达 80%～90%时，把蔟片放在蚕座上吸引熟蚕自动上爬，当熟蚕爬上蔟片90%时，将蔟片带熟蚕提起移入蚕箔内。

5.2.4 凉蔟

熟蚕吐丝营茧成功后，将蔟片架空凉蔟。

5.2.5 匀蚕

熟蚕在蔟片上分布不均，要及时匀开，及时拣出“游山蚕”另上蔟。

5.3 蔟中保护与采茧

按DB61/T388.6标准规定执行。

6. 消毒保管

采茧后，将折蔟放在含有效氯1%的消特灵（或漂白粉）液中浸泡15min，待浮丝完全溶化后将蔟片取出用清水冲洗干净，晒干，25片1捆，折叠保管在干燥处。

第二部分　安康市蚕桑地方质量标准

DB6124

安 康 市 地 方 标 准

DB6124/T01—2009

LXJ0803 型便捷式多功能烘箱

2009-06-22 发布　　　　2009-06-22 实施

安康市质量技术监督局　发布

前　　言

本标准由安康市林业局提出及管理。

本标准由安康市汉滨区蚕茶果技术推广站、陕西省蚕桑重点试验室负责起草。

本标准主要起草人：罗先见、胡必利、陈恒、陈正余、丁义来。

本标准委托由安康市汉滨区林业局负责解释。

1. 范围

本标准规定了LXJ0803型多功能烘箱烘蚕茧、中药材、魔芋、香菇、薯类、果品、蔬菜、食品等产品的技术要求、验收方法。

本标准适用以木柴或煤［发热量≥5000Cal（1Cal＝4184J）］为燃料的LXJ0803型便捷式多功能烘箱的制造和验收。

2. 规范性引用标准

下列文件中的条款通过本标准引用而成为本标准的部分条款。凡是注明日期的引用文件，其随后所有的修改单（不包括勘误的内容）或修订版均不适用于本标准，然而，鼓励根据本标准达成协议的各方研究是否可使用这些文件的最新版本。凡不注明日期的引用文件，其最新版本适用于本标准。

DB6109/24-2006 热循环多功能烘干设备

3. 技术要求

3.1 基本结构及要求

3.1.1 结构内容

LXJ0803型便捷式多功能烘箱的主要结构有烘干室、热源装置、换气装置、热均衡装置、温度显示装置、进出物料装置、安全防护装置。

3.1.2 热源装置尺寸应符合表1之规定

表1 热源装置规格要求

序号	项目		质地	结构尺寸/mm			结构允差/mm	工艺规格要求/mm
				长	宽	高		
1	底架		角钢	1100	900	450	2	L4×40
	方向轮		球墨铸钢	直径120	轮面20	120	2	直径120，厚2
2	燃烧室	弧形胆体	扁钢	700	$R=200$		2	－0.6
		炉胆两侧壁	扁钢	700	150		2	－0.3
		炉胆后壁	扁钢	200	200		1	－0.3
		炉　桥	螺纹钢	670			2	直径16
		固定炉桥	角钢	200			1.5	L3×30

续表

序号	项目		质地	结构尺寸/mm			结构允差/mm	工艺规格要求/mm
				长	宽	高		
3	通风道	壁两侧	扁钢	700	前 230 后 120		2	—0.12
		后　壁	扁钢	200	100		2	—0.12
		底　壁	扁钢	710	200		2	—0.12
4	底部壁	两　侧	扁钢	1100	450		3	—0.1
		前后底壁	扁钢	900	550		3	—0.1
5	烟道	前烟道	方钢	700			3	直径 40×60
		后烟道	方钢	500			2	直径 40×60
		立柱烟道	方钢	1950			4	直径 40×60

3.1.3 换气装置尺寸应符合表 2 之规定

表 2 换气装置规格要求

序号	项目	质地	结构尺寸/mm			结构允差/mm	工艺规格要求/mm
			长	宽	高		
1	进气孔	方钢	250			2	直径 40×60
2	换气扇						30W 成品换气扇
3	进气孔盖	扁钢	0.6	0.4		1	—0.05
4	插座和调速开关						

3.1.4 烘干室尺寸应符合表 3 之规定

表 3 烘干室设备装置规格要求

序号	项目		质地	结构尺寸/mm			结构允差/mm	工艺规格要求/mm
				长	宽	高		
1	两侧壁	框架	方管	1700	1100		1	直径 35×35
		内外包皮	扁钢	1700	1100		2	—0.05 镀锌板
		保温层	耐火保温材料				2	填充厚度 35
2	后背壁	框架	方管	1700	900		1	直径 35×35
		内外包皮	扁钢	1700	900		2	—0.05 镀锌板
		保温层	耐火保温材料				2	填充厚度 35
		温度计孔	方管				2	直径 20×20
3	前壁(门)	框架	方管	1680	886		1	直径 20×20
		内外包皮	扁钢	1680	886		2	—0.05
		保温层	耐火保温材料				1	填充厚度 20

续表

序号	项目		质地	结构尺寸/mm			结构允差/mm	工艺规格要求/mm
				长	宽	高		
4	顶层壁	框架	方管	1100	900		1	
		烟道孔	方管				1.5	
		排气孔	扁钢	180	100		1	
		内外包皮	扁钢	1100	900		2	
		保温层	耐火保温材料				2	

3.1.5 进出物料装置尺寸应符合表4之规定

表4 烘箱门体结构材料规格要求

序号	项目		质地	结构尺寸/mm			结构允差/mm	工艺规格要求/mm
				长	宽	高		
1	盛料隔	盛料隔架	扁钢	1500				—0.5
		盛料隔层	铁丝	1000				直径 2
2	门拉手	拉手主干	圆管	1710			2	直径 20
		拉手柄	扁钢	150	30		1	—0.3
		固定拉手框	圆管	20				直径 30
		拉手上下端小钩	圆钢	20				直径 6.5
3	热源室防护隔板	框架	镀锌板	980	780		1	直径 35×35
		隔热层	耐火保温材料				2	填充厚度 35×35

3.2 性能指标

性能指标应符合表5之规定。

表5 工作效能指标要求

项 目		指 标		工艺规格要求
冷箱升温时间	达 80℃时	≤15min		环境温度以 20℃起
	达 120℃时	≤20min		
能源消耗	蚕茧（每千克鲜茧适于）	柴（适干）	≤0.4kg	煤发热量≥5000kCal/kg；木柴发热量≥3000kCal/kg 或标准煤 0.12kg
		煤	≤0.16kg	
	魔芋、香菇、中药材、薯类、果品、蔬菜、食品（每千克鲜品适于）	柴	≤0.4kg	
		煤	≤0.16kg	

续表

<table>
<tr><th colspan="2">项　目</th><th colspan="2">指　标</th><th>工艺规格要求</th></tr>
<tr><td rowspan="6">效　率</td><td rowspan="4">蚕茧
（≥50kg/箱）</td><td>头　烘</td><td>≤2.5h</td><td>鲜茧至烘率70%</td></tr>
<tr><td>二　烘</td><td>≤3h</td><td>鲜茧至烘率45%</td></tr>
<tr><td>直　干</td><td>≤6h</td><td>鲜茧至烘率45%</td></tr>
<tr><td>优质率</td><td>≥95%</td><td>以鲜茧原质量为基准</td></tr>
<tr><td rowspan="2">魔芋、香菇、中药材、薯类、果品、蔬菜、食品（每千克鲜品适于）</td><td colspan="2">≤18h</td><td>≥200kg/24h</td></tr>
<tr><td>优质率</td><td>≥95%</td><td>以鲜料原质量为基准</td></tr>
<tr><td>烘干燥室温度不均匀性</td><td colspan="4">≤1℃</td></tr>
<tr><td rowspan="4">质量要求</td><td>蚕茧</td><td colspan="2">≥90%符合 Q/SB61—B47.001 标准规定</td><td rowspan="3">以鲜料质量为基准</td></tr>
<tr><td>香菇</td><td colspan="2">≥90%符合 GH/T1013 标准规定</td></tr>
<tr><td>魔芋</td><td colspan="2">≥90%符合 NY/T494 标准规定</td></tr>
<tr><td>中药材、薯类、果品、蔬菜、食品</td><td colspan="2">按商品规定指标</td><td>按工艺要求操作</td></tr>
</table>

4. 性能测试

4.1　冷箱点火时间

点火至烘干室温度达 110℃止，计算时间，具体要求应符合表 5 之规定。

4.2　烘干室温度均匀性

在四架料车的上、下两层各放一支温度计，当烘干室温度达 110℃时，记录各温度计读数，计算最高与最低温度之差。

4.3　烘茧效率

50kg 鲜茧，头烘烘率为 70%，计算时间，50kg 鲜茧一适于烘率 45%时，计算时间。

4.4 优质率

以测试蚕茧的鲜茧原质量基准计≤95%。

5. 质量验收

5.1 主要尺寸测量

数值允差应符合标准 3.1 条款的规定。

5.2 材料

应符合本标准第 3 条的规定。

5.3 烘茧质量

按 Q/SB61—B47.001 标准检验。

5.4 性能测试

应在烘干室干燥后进行测试。
由取得烘茧员证的人员操作。测试结果应达到本 3.2 标准条款的规定。

6. 标志

标志采用铭牌标志，标注内容如下。
a. 名称：×××
b. 规格：×××
c. 烘量：×××
d. 质量：×××
f. 产地：×××
g. 制造商：×××

DB6124

安康市地方标准

DB6124/T02—2009

桑树无根系育苗技术规程

2009-06-22 发布　　2009-06-22 实施

安康市质量技术监督局　发布

前　言

本标准由安康市林业局提出并归口管理。

本标准由汉滨区蚕茶果技术推广站、安康学院负责起草。

本标准主要起草人：罗先见、陈恒、陈正余、胡必利、丁义来、孙波、邹广群、石晓玲、袁玉清、鲁周东。

本标准由安康市汉滨区林业局负责解释。

1. 范围

本标准规定了桑树无根系嫁接育苗技术。

本标准适用于桑苗生产和经营。

2. 规范性引用文件

下列标准中的条款通过引用而成为本标准的部分条款。凡是注明日期的引用文件，其随后所有的修改单（不包括勘误的内容）均不适用于本标准。然而鼓励本标准达成协议的各方研究是否可使用这些文件的最新版本。凡不注明日期的引用文件，其最新版本适用于本标准。

DB61/T388.2 桑树苗木分级贮运标准

3. 繁育技术

3.1 育苗地选择和整理

3.1.1 苗圃地的选择

应选择近水源、不积水，土地平整，排灌方便，日照充足，通风良好，管理方便的地方，土质肥沃疏松的沙壤土或壤土，土壤 pH 为 6～7。不宜连作，不宜在萎缩病、紫纹羽病、根结线虫病、青枯病严重的地区建立苗圃。

3.1.2 苗圃地的整理

3.1.2.1 深耕 黏土 35cm，沙壤土 20cm。

3.1.2.2 施基肥 每 $667m^2$ 施腐熟厩肥或堆施 2000～2500kg，过磷酸钙 10kg。

3.1.2.3 整苗床 苗床要求地平、土细、土壤潮湿。作成高畦式苗床，畦面宽 130cm，畦沟宽 30cm，畦沟深 20cm。

3.2 接穗的剪取

3.2.1 质量

选采的母株要求优良品种，枝条充实、冬芽饱满、无病虫害的一年生枝条，直径小于1.3cm。

3.2.2 方法

夏秋季嫁接所用接穗在春伐桑园长出的木质化枝条中剪取，冬春季嫁接所用接穗在当年生木质化枝条中剪取。

3.2.3 时间

随接随剪，如果需要贮藏的接穗，在桑树萌动前4～7天剪取。

3.2.4 接穗和砧木的贮藏

3月下旬以后嫁接用的接穗或砧木每25kg一捆，用塑料薄膜纸包严，放在温度1～5℃的冷库内保存，下垫木架以防积水。

3.2.5 独特砧木的培育

3.2.5.1 树种 选择生根力强的特殊桑树品种作为砧木品种。

3.2.5.2 地块 选择土层深厚、肥沃的沙土或沙壤土。

3.2.5.3 栽植 行距100cm、株距43cm，每667m² 栽植1500株。

3.2.5.4 树形 养成一层支干上面留三个拳，在每个拳上保留2～3个粗细均匀的枝条，每667m² 保留有效条数10 000～14 000根。

3.2.5.5 管理 加强施肥、深耕、除草、病虫害防治等管理。

3.3 嫁接方法

3.3.1 砧木的处理

3.3.1.1 选砧木 选择直径大于0.5cm无病虫害充分木质化枝条作为嫁接砧木。

3.3.1.2 剪砧木 按12cm长光滑砧木横向剪断。

3.3.1.3 除砧芽 用芽接刀削除掉砧木上所有砧芽。

3.3.1.4 削砧口 在距砧木上端3cm处搭刀，向下平削一个长2cm袋口，要求刀口平滑、稍带木质部。

3.3.2 削芽片

选择与砧木粗细基本相同接穗上的饱满芽，先在芽的背面平削一刀，削掉芽痕。然后削芽片，第一刀在芽的下方0.6cm处下刀横切深达木质部，第二刀在芽的上方0.5cm处搭刀向下平削达到第一刀处，取下一个带有三个芽点的芽片。

3.3.3 贴芽片

把削好的芽片削面对着砧木袋口的削面，面对面的贴在一起不露缝隙。然后用2cm宽的塑料薄膜从芽的下方1.5cm处自下而上缠紧包严芽片到砧木顶端，露出芽尖。

3.4 前期培养

3.4.1 愈合培养

当年10月到第二年3月嫁接，首先把接好的嫁接体放在大塑料袋或放在有薄膜纸的木箱内，把袋口或箱内的薄膜纸封严，不露缝隙，放在22～25℃的温度中保存5～10天，使芽片与砧木愈合。然后用13cm宽、25～30cm长的报纸将愈合好的嫁接体卷紧，露出芽头，再将卷好的嫁接体放在营养液中浸湿报纸，再放回木箱或塑料箱内四周封闭，防止营养液蒸发，待桑芽脱苞到燕口期后可直接进行大田栽植建园。

3.4.2 脱苞培养

把愈合5～10天后的嫁接体分散排在室外16cm深的苗沟里，上方盖湿润土高出顶端1cm，然后在上面盖塑料薄膜纸，地温大于1℃，到3月中旬以后芽片脱苞再进行大田排苗。

3.4.3 大田排苗

3.4.3.1 *方法* 行距16～17cm、株距12～14 cm。

3.4.3.2 *数量* 每667m^2排2.2万～2.5万株。

3.4.3.3 *盖上* 先在沟内浇水使沟内湿润，再把脱苞后的嫁接体放在排苗沟60°的斜坡上，保持苗芽高度在一条水平线上，然后盖土，盖沙壤土稍遮芽尖，盖黏土不遮芽尖。

4. 苗圃管理

4.1 灌排水

根据土壤含水量的高低进行及时灌排水处理。若土壤干旱应及时灌水，以苗床沟潮湿为度，连阴雨天要注意排水，防止积水。

4.2 施肥

桑苗长到 10cm 以上时，每 667m^2 施尿素 5kg，以后看长势适当施肥。

4.3 除草

4 月中旬和 6 月上旬各除 1 次，防止草荒。

4.4 摘心

当桑苗长到 60cm 高时，进行摘心，并摘掉过大的叶片，增加通风透光。

4.5 病虫防治

4 月上旬喷洒 1500 倍敌敌畏液，5 月中旬喷洒 1000 倍的乐果液。

5. 苗木出圃

按 DB61/T388.2 桑树苗木分级贮运标准执行。

DB6124

安 康 市 地 方 标 准

DB6124/T28—2009

多倍体桑树品种栽培技术规程

2009-12-15 发布　　　　2009-12-15 实施

安康市质量技术监督局　发布

前　言

本标准由安康市林业局提出并归口管理。

本标准由安康学院、安康市蚕桑技术推广工作站、安康市蚕桑研究所、汉滨区蚕茶果技术推广站负责起草。

本标准主要起草人：胡必利、陈正余、包立军、陈恒、王小平、黎延芳。

本标准由安康学院负责解释。

1. 范围

本标准规定了多倍体桑树品种栽培管理技术。

2. 规范性引用文件

下列标准中的条款通过引用而成为本标准的部分条款。凡是注明日期的引用文件，其随后所有的修改单（不包括勘误的内容）均不适用于本标准。然而鼓励本标准达成协议的各方研究是否可使用这些文件的最新版本。凡不注明日期的引用文件，其最新版本适用于本标准。

DB61/T388.3　桑树栽培管理技术规程

DB61/T388.4　桑树病虫害防治技术规程

DB6124/T29　桑树高效繁育技术规程

3. 术语和定义

多倍体桑树品种体细胞中含有三个及以上染色体组的桑树品种。

4. 多倍体桑树品种

4.1　三倍体品种

陕桑305、大中华、强桑1号。

4.2　四倍体品种

陕桑402、陕桑406、新707。

5. 栽培条件

5.1　地块选择

坡度25℃以下，土层100cm以上。秦岭南坡海拔800m以下、巴山北坡海拔 700m 以下的浅山、丘陵、川道区域保水保肥性能好的地块。远离有废气废水污染的厂矿企业。

5.2 气候条件

年日照 2100h 左右，≥10℃有效积温 4600℃左右，无霜期 220 天以上，年降水量 700mm 以上。

5.3 土壤条件

土壤 pH 为 4.5～9，有机质含量＞1.5％。

6. 苗木繁育

6.1 苗木繁育

按 DB6124/T29 标准规定执行。

6.2 嫁接时间

按 DB6124/T29 标准规定执行。

7. 栽培技术

7.1 栽植规划

以密植丰产桑园成片栽植为主。

7.2 栽植沟（穴）规格

按 DB61/T388.3 标准规定执行。

7.3 苗木处理

按 DB61/T388.3 标准规定执行。

7.4 栽植密度

栽植密度按表 1 规定执行，各地区根据地理条件合理选择密度。

表 1 桑园栽植密度标准

桑园类型	栽植形式	树型	树干高度/m	密度/（株/667m^2）	行距×株距/m×m
普通桑园	宽行密株	低干	0.55	1000	1.33×0.5
		中、低干	0.8	800	2×0.41
	宽窄行	中、低干	0.6	800	宽行 2.2～2.5×0.7～0.52
					窄行 0.7×0.7～0.52
		中、低干	0.9	600	宽行 2.5×0.7
					窄行 0.7×0.7
速成丰产密植桑园	宽行密株	低干	0.55	1000	1.33×0.5
			0.5	1200	1.5×0.37
			0.4	1500	1.1×0.3

7.5 栽植

按 DB61/T388.3 标准规定执行。

8. 管理

8.1 树型养成

按 DB61/T388.3 标准规定执行。

8.2 剪伐技术

以春、冬季剪伐为主，提倡春夏轮伐，不宜连续夏伐。

8.3 施肥

8.3.1 施肥次数

全年施肥 3～4 次。

8.3.2 施肥量

施肥量以桑叶产量而定，按每产 1000kg 桑叶需施纯氮 20kg、磷 12kg、钾 12kg 的标准计算。

8.3.3 施肥方法

沟施或穴施。

8.3.4 施肥时间

按 DB61/T388.3 标准规定执行。

8.4 排灌

按 DB61/T388.3 标准规定执行。

8.5 除草

按 DB61/T388.3 标准规定执行

8.6 病虫害防治

按 DB61/T388.4 标准规定执行。

9. 桑叶收获

采叶时枝条顶端应保留 4～6 片叶，中下部叶应在当季蚕期采完。小蚕用叶比一般品种降低 1～2 个叶位。对生长迅速、木质化程度较低、叶条比高的陕桑 305 等品种采取间隔采叶法，即枝条中、下部留少部分叶片直到最后一次采叶时采完，以防止“头重脚轻”造成枝条倒伏的现象。

DB6124

安 康 市 地 方 标 准

DB6124/T29—2009

桑树高效繁育技术规程

2009-12-15 发布　　2009-12-15 实施

安康市质量技术监督局　发布

前　言

本标准由安康市林业局提出并归口管理。

本标准由安康学院、安康市蚕桑技术推广工作站负责起草。

本标准主要起草人：胡必利、包立军、彭云武、陈正余。

本标准由安康学院负责解释。

1. 范围

本标准规定了桑树四季芽接育苗的高效繁育技术。
本标准适用于桑苗生产和经营。

2. 规范性引用文件

下列标准中的条款通过引用而成为本标准的部分条款。凡是注明日期的引用文件，其随后所有的修改单（不包括勘误的内容）均不适用于本标准。然而鼓励本标准达成协议的各方研究是否可使用这些文件的最新版本。凡不注明日期的引用文件，其最新版本适用于本标准。

DB61/T388.2　桑树苗木分级贮运标准
DB61/T388.3　桑树栽培管理技术规程

3. 繁育技术

3.1　砧木培育与选择

3.1.1　砧木培育

按 DB61/T388.3 标准规定中种子育苗方法，培育出优良实生苗。

3.1.2　砧木选择

选择无病虫害、生长健壮、根系完整、粗细均匀、皮层光滑的苗木做砧木，根径粗度以 0.4～0.8cm 为最佳。

3.2　接穗

3.2.1　接穗质量

在优质健壮枝条上选择无病虫害、饱满、芽体端正的作为嫁接芽，不用基部、梢部和病伤芽。

3.2.2　接穗数量

嫁接 1 万株苗需接穗 45kg。

3.2.3 接穗来源

选择专用接穗园优良桑品种剪取接穗。

3.2.3.1 冬春季 秋冬剪取专用接穗园接穗或栽桑定干过程中剪掉的桑条，当年 11～12 月嫁接或贮藏到次年开春后嫁接。

3.2.3.2 夏秋季 接穗采用春伐桑树当年长出的新枝条或采用快速高效方法繁育的接穗。

3.2.4 接芽繁育

除建立接穗圃获取接穗外，在穗芽不足时，可采用下述方法快速高效繁育穗芽。

3.2.4.1 春季繁育 春季将一个冬芽嫁接在壮龄桑树上，发芽后去掉所有砧芽，待新芽长至 10cm 左右时摘心，下芽萌发后留 3 个芽让其生长，至 7 月初条长长至 150cm 以上，繁芽 110 芽，用于夏季嫁接。

3.2.4.2 秋季繁育 夏季嫁接苗长至 120cm 的，剪去苗干，用其干芽，晚秋嫁接，可繁 20 株芽苗。

3.2.5 剪取时间

冬春季在嫁接前 5～10 天剪取接穗圃接穗或在休眠期剪取贮藏，夏秋季在嫁接前 2～3 天剪取。

3.2.6 接穗贮藏

冬春季嫁接用将穗条 25kg 打成一捆，用塑料薄膜包裹严实，放入 2～8℃的冷库内保存，或 10kg 一捆沙藏。夏秋季嫁接用将取叶留柄的穗条 5kg 束成一捆，存放在阴湿避光的条件下，待用。

3.3 嫁接时间

3.3.1 冬春季

11 月下旬至 4 月，最佳时间为当地最冷期过后至发芽前。

3.3.2 夏季

6 月 20 日至 7 月 30 日。

3.3.3 秋季

8 月 1 日至 10 月 20 日。

3.4 嫁接方法

3.4.1 剪砧木

3.4.1.1 冬春季 剪砧木时间提前 5～10 天，也可随接随剪。

3.4.1.2 夏秋季 提前 3～7 天剪去苗干，伤流停止后为嫁接适期，不可随接随剪。

3.4.2 削砧皮

选根径 0.4～0.8cm 的砧苗，在离地面 10cm 内，选光滑部位。第一刀与砧木成 15°～20°夹角削入木质部；第二刀以斜刀状态削入，达木质部后以平刀向平推至第一刀处，取下削面长 0.6～1cm 砧皮，要求见木不伤木。

3.4.3 削芽片

取与砧木粗细相当的穗条，选无虫害的饱满芽，先在叶痕下方 1cm 处，以与削砧皮相同的角度向下斜削一刀，深达木质部，再在芽尖上方 1cm 左右处起刀，沿皮层与木质交界处向下滑削至第一刀处，取下芽片。芽片长度与砧木切皮长度一致或略短一点，削芽深度与砧木切皮一致。穗条较粗时，削第二刀前，在叶痕两侧用刀尖斜向内各纵切一刀，使削芽宽度合适。削下的芽片削面光滑洁净，不带木质，三点明显，芽心全，大小合适，随削随接。

3.4.4 插芽片

将芽片削面朝向，插入砧木削面切口内，使芽片下端紧接切口皮木间，上端与砧木切口对齐，相互吻合。如果芽片稍短，下部对齐即可。如果芽片窄于切口，必须将芽片的一个边与砧木切口的一侧紧贴，使形成层密接。

3.4.5 绑扎

芽片嵌插好后，用宽 1.5cm、长 20cm 的塑料薄膜条，从接口下方由下而上绑扎露出芽尖，直至削面全被扎住，然后在接芽上方 1cm 处打结。绑扎过程不移动芽片，不漏缝，不包芽，松紧适度。

3.4.6 接后管理

嫁接芽成活后，在接芽上方10cm处剪去砧木。室内接时，10株或20株扎成1捆，置于温度18～25℃、湿度80%～85%的温庆中保护7～10天，促进愈合，然后排入苗圃。排苗10天检查，如果接芽未成活（芽体已软烂或未萌动），及时在原接口下方补接。成活桑苗应及时抹除砧芽，待发芽后，在接芽上方1cm处剪去剩余砧干，连同绑扎的薄膜条结一并剪下。做好除砧芽、防虫、除草、施肥、抗旱排涝等工作。

3.5 苗木出圃

3.5.1 冬春季、夏季嫁接苗出圃

按DB61/T388.2标准规定执行。

3.5.2 秋季嫁接苗出圃

此期间苗木生长缓慢，苗木出圃达不到分级标准，起苗后剪去苗干，留两个芽，按每667m^2 2万株排苗，第二年出圃。

DB6124

安 康 市 地 方 标 准

DB6124/T30—2009

桑园间作套种农作物技术规程

2009-12-15 发布　　　　2009-12-15 实施

安康市质量技术监督局　发布

前　言

本标准由安康市林业局提出并归口管理。

本标准由安康学院、安康市蚕桑技术推广工作站、安康市农业技术推广站、石泉县蚕桑发展局、汉滨区蚕茶果技术推广站负责起草。

本标准主要起草人：陈正余、胡必利、张忠民、吴晓琼、黎道云、包立军、陈恒。

本标准由安康学院负责解释。

1. 范围

本标准规定了桑园间作套种农作物的品种、时间、肥培管理技术。

本标准适用于桑园间作套种农作物和桑园管理。

2. 规范性引用文件

下列标准中的条款通过引用而成为本标准的部分条款。凡是注明日期的引用文件，其随后所有的修改单（不包括勘误的内容）均不适用于本标准。然而鼓励本标准达成协议的各方研究是否可使用这些文件的最新版本。凡不注明日期的引用文件，其最新版本适用于本标准。

DB61/T388.3　桑树栽培管理技术规程

DB61/T388.4　桑树病虫害防治技术规程

DB6124/T28　多倍体桑树品种栽培技术规程

3. 术语和定义

桑园间作套种：桑园地桑树行间套种低秆及生育期短的农作物。

4. 间作套种技术

4.1　套种原则

间作套种桑园及新建桑园春、夏、秋、冬四季套种，专用桑园在桑树休眠期套种。套种矮秆、生长时间短的农作物。

4.2　套种农作物品种

4.2.1　秋冬季节

大白菜、菠菜、萝卜、大蒜、大葱、香菜等根茎类、叶菜类品种。

4.2.2　春夏季节

马铃薯、花生、大豆、绿豆、红薯、番茄、青椒、西瓜、南瓜等豆类、瓜果类品种。

4.3　套种技术

4.3.1　套种方法

4.3.1.1　秋冬季节套种　9月下旬中秋蚕采叶后，桑树行间深翻、整地、播种、育苗移栽或直播。套种蔬菜地，一般在9月下旬秋蚕结束后及时翻耕土地，施足底肥，注意氮、磷、钾肥混合，每667m² 施优质农家肥1000～1500kg或复合肥50kg，根据各农作物品种的生长期播种或移栽秧苗。

4.3.1.2　春夏季节套种　3月下旬翻耕桑园地、育苗，根据各农作物品种的生长期播种或移栽秧苗。

4.3.2　套种标准

套种技术按表1执行。

表1　桑园间作套种技术标准

套种技术 / 品种	套种种量/(kg/667m²)	套种形式	套种时间	套种密度/cm	施肥时间、品种、数量	防虫时间用药品种	除草次数/次	收获时间	农作物收获量/kg	桑叶收获量/kg
马铃薯	75	行间窝播2～3行	12月下旬至1月上旬	株行距40×40	每667m² 桑园用10kg磷肥加1kg钾肥，混合施于种薯株距间	每667m² 用3%辛硫磷颗粒剂3kg土壤处理杀虫	2～3	4～5月	800～1000	密植园2250 稀植园1800
红薯	15kg薯种	行间杆秧2～3行	4月上旬至5月下旬	株行距40×40	每667m² 桑园施有机肥1000kg，复合肥100kg	不防虫	2～3	9～11月	1000～1200	密植园2300 稀植园1700
花生	30	行间点播2～3行	3～4月中旬	株行距25×35	每667m² 桑园施复合肥100kg	不防虫	2～3	8～9月	150	密植园2400 稀植园1900
大豆	5	行间点播2～3行	5月中旬至6月上旬	株行距30×30	复合肥50kg两次	不防虫	2～3	9～10月	200	密植园2200 稀植园1800
萝卜	1.5	撒播	8月下旬至10月中旬	株距10	每667m² 施农家肥500kg，复合肥10kg，覆盖细土。再用1.5kg复合肥和300kg人粪尿追肥2～3次	不防虫	1～2	11月中旬至12月上旬	1500～2000	密植园2250 稀植园1850
大白菜	0.25	秧苗移栽	8～9月	株行距30×50	用复合肥或人粪尿追肥2～3次	冬季可用敌敌畏或乐果防虫1～2次	2～3	11月下旬至12月下旬	1000—1500	密植园2500 稀植园1700
芥菜	0.2	秧苗移栽	7～8月	株行距30×50	用复合肥或人粪尿追肥2～3次	蚕期结束可用敌敌畏防虫1～2次	2～3	4月下旬至5月下旬	1000～1500	密植园2400 稀植园1850

续表

套种技术 品种	套种种量/(kg/667m²)	套种形式	套种时间	套种密度/cm	施肥时间、品种、数量	防虫时间用药品种	除草次数/次	收获时间	农作物收获量/kg	桑叶收获量/kg
菜花	0.25	秧苗移栽	5～6月	株行距25×40	用复合肥或人粪尿追肥2～3次	蚕期结束可用敌敌畏防虫1～2次	2～3	7月下旬至10月下旬	1000～1500	密植园2300 稀植园1800
菠菜	1	撒播	10～11月	株距10	用复合肥或人粪尿追肥2～3次	蚕期结束可用敌敌畏防虫1～2次	2～3	12月上旬至3月上旬	200～300	密植园2300 稀植园1800
香菜	0.2	撒播	8～9月	株距5	用复合肥或人粪尿追肥2～3次	不防虫	2～3	9月中旬至3月下旬	150～300	密植园2200 稀植园1800
大蒜	10	排种	7～8月	株行距5×30	用复合肥或人粪尿追肥2～3次	不防虫	2～3	9月上旬至3月下旬	250～300	密植园2500 稀植园1900
大葱	1	排苗移栽	8～9月	株行距5×40	用复合肥或人粪尿追肥2～3次	不防虫	2～3	1月上旬至4月上旬	400～500	密植园2400 稀植园1800
瓜类	0.2	移栽	4～5月	株行距100×100	用复合肥或人粪尿追肥2～3次	不防虫	2～3	7月～11月	1000～2000	密植园2400 稀植园1800

注：密植桑园 800 株/667m² 以上，稀植桑园 400～800 株/667m²。

5. 注意事项

5.1 播种

播种前深翻桑园地，施足底肥。播种或移苗栽植距桑树根部 30cm 以上，施肥时避开养蚕用叶期。

5.2 加强桑园管理

加强桑树根部壅土、桑树修枝剪梢、灌排水管理。

5.3 病虫防治

农作物播种前，根据不同作物易发病虫害采用杀虫剂、杀菌剂进行土壤消毒处理（具体方法参加马铃薯防治），沙蚕毒素和菊酯类农药不能使用。

6. 桑树栽培技术

按 DB61/T388.3 及 DB6124/T28 标准规定执行。

DB6124

安　康　市　地　方　标　准

DB6124/T31—2009

大蚕地面饲育技术规程

2009-12-15 发布　　2009-12-15 实施

安康市质量技术监督局　发布

前　　言

本标准由安康市林业局提出并归口管理。

本标准由安康学院、安康市蚕桑技术推广工作站、汉滨区蚕茶果站、安康市蚕种场、石泉县蚕桑发展局、安康市蚕研所负责起草。

本标准主要起草人：陈正余、胡必利、包立军、陈恒、刘正剑、陈子培、黎延芳。

本标准由安康学院负责解释。

1. 范围

本标准规定了春、夏、秋季4～5龄蚕的饲育技术。

本标准适用于室内地面和室外大棚地面养蚕。

2. 规范性引用文件

下列标准中的条款通过引用而成为本标准的部分条款。凡是注明日期的引用文件，其随后所有的修改单（不包括勘误的内容）均不适用于本标准。然而鼓励本标准达成协议的各方研究是否可使用这些文件的最新版本。凡不注明日期的引用文件，其最新版本适用于本标准。

DB61/T388.6 桑蚕饲育技术规程

DB61/T388.8 养蚕消毒技术规程

DB61/T388.10 省力化养蚕技术规程

DB61/T388.11 优良蔟具使用技术规程

3. 术语和定义

大蚕地面育技术：在地面上饲养大蚕的方法，具有节约蚕室、节省蚕具、省力、降低劳动强度、提高工效的特点。

4. 饲育地面的设计

4.1 地面的选择

4.1.1 室内

选择通风，干燥，明亮，地面平整、光滑，无鼠洞，门窗完好的房屋。

4.1.2 室外大棚地面

地势高燥、阴凉，通风良好，便于排水，地面平整、光滑，环境无污染的地面。

4.2 地面规格

4.2.1 室内地面

张种 $30m^2$（蚕座 $25m^2$、操作道 $5m^2$）。

4.2.2 室外大棚地面

张种 $40m^2$（蚕座 $25m^2$、操作道 $5m^2$、排水沟 $10m^2$）。

5. 饲育技术

5.1 消毒准备

放蚕前 7 天地面先用 1%有效氯漂白粉液或 2%的甲醛液喷洒消毒，再撒施新鲜石灰粉、干稻草或谷糠等，然后放蚕。将蚕座摆成 1～1.5m 宽的畦，保留 20cm 宽操作道。

5.2 大蚕放置地面时间

4 龄或 5 龄蚕起眠饷食后放置准备好的地面。

5.3 消毒防病

5.3.1 蚕体蚕座消毒

每次给桑前用新鲜石灰粉或防病一号消毒 1 次，4 龄放置的倒换畦位，眠前除沙一次，5 龄第二天结合扩座，再倒换畦位，除沙一次；5 龄放入地面的蚕不除沙。

5.3.2 病害预防

5.3.2.1 添食 4 龄、5 龄饷食用氯霉素或红霉素添食一次，夏秋蚕期 5 龄第 2 天、第 4 天、第 6 天用灭蚕蝇各添食 1 次。

5.3.2.2 薰烟消毒 5 龄期蚕室采用硫黄或柏树枝熏烟 2～3 次。每次 10～15min，排湿、防僵、驱虫、防鼠。

5.3.2.3 室内防害 按 DB61/T388.8 标准规定执行。

5.3.2.4 室外大棚防害 按 DB61/T388.10 标准规定执行。

5.3.2.5 防蝇 室内门窗及室外大棚两侧挂窗纱。

5.3.3 防潮防湿

门窗对开，空气对流。每两天撒一层稻草或焦糠等干燥材料，隔离蚕座，防止蚕座发霉。高温多湿闷热天气，采用电扇排湿降温。

5.4 给桑技术

5.4.1 片叶育

片叶、芽叶给桑时，均匀撒在蚕座上，以 1.5～2 层为宜。

5.4.2 条桑育

给条桑时，将桑条一颠一倒摆放 1～2 层，动作应轻，防止创伤蚕体。每天给桑 3～4 次。给桑前拣出老条，及时匀座。

5.5 温湿度调节

5.5.1 室内

按 DB61/T388.6 标准规定执行。

5.5.2 室外大棚

按 DB61/T388.10 标准规定执行。温度过高时，棚顶用遮阳网降温。

6. 上蔟技术

按 DB61/T388.11 标准规定执行。

第三部分　陕西省蚕药地方质量标准

凡　例

《蚕药质量标准》内容分正文与附录两部分。正文记载常月蚕药品种，附录记载散剂，制剂通则，一般的检验法与测定法、试药、试液、试纸、指示剂、滴定液等。正文中所载蚕药的排列按药品中文名称的笔画排序。

使用本标准时应注意以下各点。

第一，本标准所称《兽药规范》，系指中华人民共和国农业部颁发的《兽药规范》1978 年版一部。标准中所用指示液、试液、滴定液的配制、标定方法按《中国兽药典》1990 年版一部中方法进行。标准中的页码和附录页码，均指《中国兽药典》1990 年版一部中的页码。

第二，蚕药规定下列各项：①中文名称；②化学名称及含量标准；③性状；④鉴别；⑤检查；⑥含量测定；⑦作用与用途；⑧用法与用量；⑨注意；⑩规格；⑪贮藏。以上项目根据具体情况决定，必要时可以增减。

第三，性状项下记载药品外观、溶解度以及溶点、比旋度等物理性质。

第四，溶解度除另有规定外，一般以下列名词表示。

(1) 极易溶解，指溶质 1 份能在溶媒不到 1 份中溶解。

(2) 易溶，指溶质 1 份能在溶媒 1～10 份中溶解。

(3) 溶解，指溶质 1 份能在溶媒 10～30 份中溶解。

(4) 略溶，指溶质 1 份能在溶媒 30～100 份中溶解。

(5) 微溶，指溶质 1 份能在溶媒 100～1000 份中溶解。

(6) 极微溶解，指溶质 1 份能在溶媒 1000～10 000 份中溶解。

(7) 几乎不溶或不溶，指溶质 1 份能在溶媒 10 000 份中不能完全溶解。

溶解度测定法：准确称取供试品研细的粉末一定量（准确度为取用量的 2%)，加入一定量的溶剂，在 25℃±2℃每隔 5min，振摇 30s，半小时内观察溶解情况。一般肉眼看不到溶质颗粒或液滴时，即认为已完全溶解。

第五，百分比用“%”符号表示。纯度百分比系指重量的比例，但溶液的百分比系指溶液 100ml 中含有溶质若干 g，醇的百分比系指在 20℃时容量的比例。此外，得根据需要采用下列符号：%(g/g) 表示 100g 中含有若干 g；%(ml/ml) 表示 100ml 中含有若干 ml；%(ml/g) 表示 100g 中含有若干 ml；%(g/ml) 表示 100ml 中含有若干 g。

100%系指 99.5%～100.5%，100.0%系指 99.95%～100.05%，其余类推。

第六，检查项下规定的各种杂质：系指药品在生产和贮藏过程中可能含有并需要控制的杂质。

第七，药品均应按照规定的方法检验，如采用其他方法，应将该方法与规定的方法做出比较试验，根据比较试验结果掌握使用，但在仲裁时仍以规定的方法为准。

第八，计量单位采用法定计量单位。

m——米
dm——分米＝十分之一米
cm——厘米＝百分之一米
mm——毫米＝千分之一米
μm——微米＝三分之一米
nm——纳米＝十亿分之一米
l——升
ml——毫升＝千分之一升
μl——微升＝百万分之一升
g——克
kg——公斤＝千克
mg——毫克＝千分之一克
μg——微克＝百万分之一克

第九，液体的滴，在20℃时以20滴相当于1ml为准。

第十，标准中涉及的温度含义是：试验时的温度，未有说明者，可在10～30℃进行，遇有温度高低对试验结果有显著影响者，除另有规定外应以25℃±2℃为准。

水浴温度：除另有规定外，均指98～100℃。

热水：70～80℃。

微温或温水：40～50℃。

阴凉处或凉暗处：不超过20℃。

冷处：2～10℃。

第十一，药筛和粉末的分等如表1所示。

表1　药筛和粉末的分等

筛　号	筛孔内径（平均值）/mm	
一号筛	2.00±0.025	10
二号筛	0.800±0.015	24
三号筛	0.355±0.01	50
四号筛	0.250±0.01	65
五号筛	0.180±0.01	80

续表

筛 号	筛孔内径（平均值）/mm	
六号筛	0.154±0.01	100
七号筛	0.125±0.006	120
八号筛	0.100±0.006	150
九号筛	0.071±0.004	200

注：①最粗粉：能全部通过一号筛，但混有通过三号筛不超过20%的粉末。②粗粉：能全部通过二号筛，但混有能通过四号筛不超过20%的粉末。③中粉：能全部通过四号筛，但混有能过五号筛不超过60%的粉末。④细粉：能全部通过五号筛，并含能通过六号筛不少于95%的粉末。⑤最细粉：能全部通过六号筛，并含能通过七号筛不少于95%的粉末。

第十二，药品的效价单位系指本规范规定的单位；标准品系指生物鉴定用的对照品，以中华人民共和国农业部和卫生部指定有关机关制定和供应的为准。

第十三，含量百分数如规定上限为100%以上时，均指用定量分析方法测定可能达到的数量，并非指实际含有的数量，如未规定上限时，均系指不应超过101.0%。

第十四，规定取用量为“约”若干时，指取用量不得超过规定量的±10%。规定“精密”称定时，系指称重的准确度为所取重量的千分之一。

第十五，恒重系指物品连续两次炽灼或干燥后的重量差异在0.3mg以下的重量。干燥至恒重的第二次及以后各次称重均应在规定条件继续干燥1h后进行，炽灼至恒重的第二次称重应在继续炽灼30min后进行。

第十六，试验用的水，除另有规定外，均指用蒸馏水或去离子水。溶液未指明用何种溶剂时，均系指水溶液。酸碱度检查所用的水，均系指新沸过的冷蒸馏水。

第十七，溶液后记示的（1→10）等符号，系指固体溶质1g或液体溶质1ml加溶剂使成10ml等的溶液。

第十八，乙醇未指明浓度时，均指用95%（ml/ml）的乙醇。

第十九，酸碱性试验时，如未指明指示剂名称，均指用石蕊试纸。

第二十，试药、试液、指示剂、滴定液、缓冲液与比色液等均应照附录的规定制备。

第二十一，试验用的计量仪器均应符合国家标准计量局的规定，必要时应进行校正。

第二十二，试验用的化学试剂应符合中华人民共和国国家标准或有关的行业标准。

第二十三，有效期系指药品在规定贮藏条件下，能够保留质量的期限。在有效期内仍应注意质量情况，如发生变异，应按规定进行检验，合格者方能使用。

第二十四，作用与用途指药品的主要的作用与用途。用法与用量系指常用的给药方法及用量。

第二十五，药品包装应有标签或说明书标明。①名称：一般名称；②装量；③性状；④含量、效价或主要成分的含量；⑤作用与用途；⑥用法与用量；⑦附加剂与数量；⑧禁忌与使用注意事项；⑨有效期；⑩毒药或剧药的标志；⑪贮藏；⑫批号；⑬制造日期；⑭生产单位名称；⑮“蚕药”字样等。以上各项可按实际需要酌情增减。

盛装药品的各种容器，均应无毒、洁净，不影响内容物的质量。

第二十六，贮藏系指药品贮藏时的基本要求，采用下列名词。

（1）干燥处：指相对湿度在75%以下的通风干燥处。

（2）遮光容器：棕色或用黑纸包裹的无色玻璃容器及其他适宜的容器。

（3）密闭：将容器密闭，防止尘土及异物等混入。

（4）密封：将容器密封，防止风化、吸湿、挥发或异物污染。

（5）熔封或严封：将容器熔封或以适宜的材料严封，防止空气、水分侵入与细菌污染。

蚕药质量标准

1. 灭蚕蝇乳油

本品为灭蚕蝇配制而成的乳油。含灭蚕蝇应为标示量的90.0%～110.0%。

[性状]

本品为淡黄色或淡棕色的澄明液体。

[鉴别]

(1) 取本品适量，加三氧化二砷试液5ml，即发生黄色沉淀。

(2) 取本品和灭蚕蝇对照品，分别加无水乙醇制成每毫升中含20mg的溶液，照薄层色谱法(附录20页)试验，吸取上述两种溶液各5μl，分别点于同一硅胶G薄层板上，以苯-丙酮(7∶3)为展开剂，展开后，晾干，喷以氯化钯显色液，立即检视。供试品溶液所显主斑点的颜色与位置应与对照品溶液的主斑点相同。

[检查]

装量：按最低装量检查法(见本书第185页)检查，应符合规定。

稳定性：取本品5ml，加水至100ml，搅拌均匀，1h后观察，应无浮油或分层现象。

[含量测定]

取本品约4g，精密称定，置25ml量瓶中，用无水乙醇稀释至刻度，摇匀，精密量取0.5ml，在已于130℃干燥30min的硅胶G层析板上，将样品点成直线，以苯-丙酮(7∶3)为展开剂，展开后，晾干，喷以氯化钯显色液，立即用吸取器将灭蚕蝇黄色斑条抽入吸取器中，再用少量乙醇湿润过的脱脂棉擦洗玻璃板，将脱脂棉一并放入吸取器中，吸取器连接于500ml碘瓶中，用沸水洗涤吸取器中的硅胶，减压抽入碘瓶中，洗五次，每次15ml，冷却后，精密加入溴液(0.1mol/l)25ml，加硫酸液(1→5)10ml，密塞，摇匀，放置15min，加碘化钾2g，振摇，暗处放置3min，用硫代硫酸钠液(0.1mol/l)滴定至近终点时，加淀粉指示液2ml，继续滴定至蓝色消失，并将滴定结果用空白试验校正，即得。每毫升的溴液(0.1mol/l)相当于1.638mg的灭蚕蝇。

[作用与用途]

灭蛆药，用于防治家蚕蝇蛆病。

[用法与用量]

添食：1 ∶500 倍稀释。

体喷：1 ∶300 倍稀释。

[规格]

(1) 2ml ∶0.5g；

(2) 5ml ∶1.25g；

(3) 100ml ∶25g；

(4) 500ml ∶125g。

[贮藏]

遮光、密封保存。

2. 甲醛溶液

本品含甲醛（CH_2O）不得少于 36.0%（g/g）。

本品中含有 10%～12%甲醇以防止聚合。

[性状]

本品为无色或几乎无色的澄明液体；有刺激性特臭，能刺激鼻、喉黏膜；在冷处久置易发生浑浊。

本品能与水或乙醇任意混合。

[鉴别]

(1) 取本品 5 滴，置试管中，加水 1ml 稀释后，加氨制硝酸银试液 3 滴，即析出银，成细微的灰色沉淀，或在管壁生成光亮的银镜。

(2) 取本品少量，加品红亚硫酸试液与稀盐酸数滴，即显红色。

[检查]

酸度：取本品 5ml，加水 5ml 与酚酞指示液 2 滴，用氢氧化钠液（0.1mol/l）滴定至溶液显粉红色，消耗氢氧化钠液（0.1mol/l）不得过 1ml。

[含量测定]

取本品 1.5ml，精密称定，置锥形瓶中，加水 10ml，加过氧化氢试液 25ml 与溴麝香草酚蓝指示液 2 滴，滴加氢氧化钠液（1mol/l）至溶液呈蓝色；再精密加入氢氧化钠液（1mol/l）25ml，瓶口置一玻璃小漏斗，置水浴上加热 15min，不时振摇，冷却，用水洗涤漏斗，加溴麝香草酚蓝指示液 2 滴，用盐酸液（1mol/l）滴定至溶液显黄色，并将滴定的结果用空白试验校正，即得。每 1ml 氢氧化钠液（1mol/l）相当于 30.03mg 的 CH_2O。

[作用与用途]

消毒防腐药。对家蚕病毒病、真菌病、细菌病、原虫病的病原体有杀灭作用。主要用于蚕室、蚕具消毒。

[用法与用量]

喷雾或浸渍 1 ∶17 倍稀释 225ml/m^2。

[贮藏]

遮光，密闭保存。

3. 防僵灵

本品为乙基硫代磺酸乙酯加适量的乳化剂制成的澄明液体。含 $C_4H_{10}O_2S_2$ 不得少于 80.0%。

[性状]

本品为微黄色的澄明液体。

[鉴别]

取本品的水溶液（1→10）2ml，加盐酸羟胺试液 1ml，再逐滴加乙醇制氢氧化钾试液，直至对石蕊试纸呈碱性反应，再加入 1～2 滴三氯化铁试液，即显紫色，并有红棕色沉淀。

[检查]

装量：按最低装量检查法（见本书第 185 页）检查，应符合规定。

[含量测定]

精密量取本品 1ml，置 100ml 量瓶中，加冰醋酸稀释至刻度，摇匀，精密量取 10ml，置锥形瓶中，精密加硫代硫酸钠液（0.1mol/l）10ml. 放置 2min，加淀粉指示液 2ml，用碘液（0.1mol/l）滴定至蓝色，并将滴定结果用空白试验校正，以上计算结果，除以 0.8824，即得。每毫升的硫代硫酸钠液（0.1mol/l）相当于 15.43mg 的 $C_4H_{10}O_2S_2$。

[作用与用途]

消毒药。预防家蚕真菌病。用于蚕室、蚕具和蚕体消毒。

[用法与用量]

蚕室、蚕具消毒 1 ∶1500 倍稀释喷雾；蚕体消毒 1 龄 1 ∶700 倍稀释浸网覆盖；2～3 龄 1 ∶500 倍稀释浸网覆盖；4～5 龄 1 ∶2000 倍稀释体喷。

[注意]

阴雨天气不宜体喷。

[规格]

（1）2ml；

（2）5ml；

（3）10ml；

(4) 100ml。

[贮藏]

遮光，密封保存。

4. 优氯净烟熏剂

本品每包由二氯异氰尿酸钠（大袋）与聚甲醛（小袋）组成。含二氯异氰尿酸钠以有效氯（Cl）计不得少于58.0%，含甲醛（CH_2O）不得少于92.0%。

[性状]

二氯异氰尿酸钠为白色结晶性粉末，有氯臭；聚甲醛为白色或类白色粉末，有刺激性气味。

[鉴别]

二氯异氰尿酸钠（大袋）

(1) 取本品适量，加稀盐酸3ml即发生氯气，并能使湿润的碘化钾淀粉试纸显蓝色。

(2) 本品显钠盐的火焰反应（见本书第191页）。

聚甲醛（小袋）

取本品约0.2g，加水5ml，加氢氧化钠液（1mol/l）1ml，使其溶解，溶液分成两份，1份加氨制硝酸银试液3滴，即析出细微的灰色沉淀或在管壁上生成光亮的银镜；另1份加品红亚硫酸试液与稀盐酸数滴，即显红色。

[检查]

装量：取本品大、小袋，分别按最低装量检查法（见本书第185页）检查，均应符合规定。

[含量测定]

(1) 二氯异氰尿酸钠：取本品（大袋）约0.1g，精密称定，置碘量瓶中，加水50ml，振摇使溶解，加碘化钾2g，稀醋酸10ml，摇匀，用硫代硫酸钠液（0.1mol/l）滴定，至近终点时，加淀粉指示液2ml，继续滴定至蓝色消失，并将滴定结果用空白试验校正，即得。每毫升的硫代硫酸钠液（0.1mol/l）相当于3.545mg的Cl。

(2) 聚甲醛：取本品（小袋）约0.5g，精密称定，置250ml量瓶中，加水15ml，氢氧化钠液（1mol/l）2ml，使溶解，并稀释至刻度，精密量取10ml于碘瓶中．加氢氧化钠液（1mol/l）10ml，精密加碘液（0.1mol/l）20ml，密塞，振摇，在暗处放置10min，加硫酸液（0.5mol/l）15ml，用硫代硫酸钠液（0.1mol/l）滴定，至近终点时，加淀粉指示液2ml，继续滴定至蓝色消失，并将滴定结果用空白试验校正，即得。每1ml的碘液（0.1mol/l）相当于

1.502mg 的 CH_2O。

[作用与用途]

消毒药：对家蚕病毒病、真菌病、细菌病、原虫病的病原体有杀灭作用；用于蚕体防僵消毒；蚕室、蚕具消毒。

[用法与用量]

临用前将大、小袋药物混合均匀，点燃，熄灭明火，密闭熏蒸。

(1) 蚕体防僵：4～5 龄期 1～1.5g/m^3。

(2) 蚕室、蚕具消毒：5g/m^3。

[规格]

(1) 每包 50g（大袋：二氯异氰尿酸钠 38g；小袋：聚甲醛 12g）。

(2) 每包 100g（大袋：二氯异氰尿酸钠 76g；小袋：聚甲醛 24g）。

(3) 每包 250g（大袋：二氯异氰尿酸钠 190g；小袋：聚甲醛 60g）。

[贮藏]

密封，在阴凉干燥处保存。

5. 优氯净防僵粉

本品为二氯异氰尿酸钠与中性或碱性陶土配制而成。含二氯异氰尿酸钠以有效氯（Cl）计，应为标示量的 90.0%～110.0%。

[性状]

本品为类白色粉末，有氯臭。

[鉴别]

(1) 取本品适量，置干燥试管中，加稀盐酸 3ml，产生的气体，能使湿润的碘化钾淀粉试纸显蓝色。

(2) 本品的水溶液显钠盐的焰色反应（见本书第 191 页）。

[检查]

(1) 干燥失重：取本品，置五氧化二磷干燥器中，干燥 6h，减失重量不得过 2.5%（见本书第 194 页）。

(2) 装量：按最低装量检查法（见本书第 185 页）检查，应符合规定。

[含量测定]

取本品适量（约相当于二氯异氰尿酸钠 0.1g），精密称定，置碘瓶中，加水 100ml，振摇使溶解，加碘化钾 2g，稀醋酸 10ml，摇匀，用硫代硫酸钠液（0.1mol/l）滴定，至近终点时，加淀粉指示液 2ml，继续滴定至蓝色消失，并将滴定结果用空白试验校正，即得。每毫升的硫代硫酸钠液（0.1mol/l）相当于 3.545mg 的 Cl。

[作用与用途]

消毒杀菌药。对家蚕真菌病的病原体有杀灭作用。用于蚕体消毒。

[用法与用量]

(1) 预防：各龄起蚕，使用一次。

(2) 发现病蚕时每天使用一次，喂桑前均匀撒在蚕体上，呈薄霜状为度。

[规格]

(1) 500g：二氯异氰尿酸钠 12.5g (以有效氯计)。

(2) 1000g：二氯异氰尿酸钠 25g (以有效氯计)。

[贮藏]

密封，在阴凉干燥处保存。

6. 毒消散

本品由聚甲醛、苯甲酸与水杨酸配制而成。含甲醛 (CH_2O)、苯甲酸 ($C_7H_6O_2$)、水杨酸 ($C_7H_6O_3$) 均应为标示量的 90.0%～110.0%。

[处方]

聚甲醛	70g
苯甲酸	20g
水杨酸	10g
总量	100g

[鉴别]

(1) 取本品 2g，加无水乙醇 20ml，振摇 5min，滤过，滤渣加氢氧化钠试液 2ml，加水 10ml，加氨制硝酸银试液 3 滴，即析出银成细微的灰色沉淀，或在管壁上生成光亮的银镜。

(2) 取上述滤液 5ml，缓缓滴加三氯化铁试液，生成棕褐色沉淀 (苯甲酸)，振摇后变成紫堇色 (水杨酸)。

[检查]

干燥失重：取本品置五氧化二磷干燥器中，干燥 6 小时，减失重量不得过 2.0% (附录 36 页)。

装量：按最低装量检查法 (见本书第 185 页) 检查，应符合规定。

[含量测定]

(1) 聚甲醛。取本品适量 (约相当于聚甲醛 0.8g)，精密称定，加无水乙醇 10ml，振摇 5min，漏斗置 100ml 棕色置瓶中，过滤，用无水乙醇洗涤滤渣，洗 6 次，每次 5ml，将滤渣漏斗置另一 100ml 量瓶上，用氢氧化钠液 (1mol/l) 20ml 将滤渣洗入量瓶中，振摇使聚甲醛溶解，用水稀释至刻度，摇匀，精密量取3ml，置碘瓶中，加氢氧化钠液（1mol/l）10ml，精密加碘液（0.1mol/l）20ml，密塞，摇匀，在暗处放置10min，加硫酸液（0.5mol/l）15ml，立即用硫代硫酸钠液（0.1mol/l）滴定至近终点时，加淀粉指示液2ml，继续滴定至蓝色消失，并将滴定结果用空白试验校正，即得。每毫升的碘液（0.1mol/l）相当于1.502mg的CH_2O。

（2）水杨酸。取聚甲醛项下的滤液，用乙醇稀释至刻度，精密量取2ml，置250ml棕色量瓶中，用乙醇稀释至刻度，在302nm的波长处测定吸收度；另取水杨酸对照品，按上法同样操作，根据二者的吸收度比值计算，即得。

（3）苯甲酸。精密量取水杨酸项下第一次稀释的乙醇液50ml，置锥形瓶中，加酚酞指示液2滴，用氢氧化钠液（0.1 mol/l）滴定，并将滴定结果用空白试验校正，减去水杨酸消耗氢氧化钠液（0.1 mol/l）的体积（ml），计算，即得。每毫升的氢氧化钠液（0.1mol/l）相当于12.21mg的$C_7H_6O_2$，相当于13.81mg的$C_7H_6O_3$。

［作用与用途］

消毒药：对家蚕多种病原微生物均有杀灭作用，用于蚕室、蚕具消毒。

［用法与用量］

密闭，熏蒸消毒3.75g/m^3。

［注意］

消毒时保持室温24℃以上5h。

［规格］

（1）250g；

（2）500g。

［贮藏］

密封，遮光，在阴凉干燥处保存。

7. 蚕安康

本品为甲醛与珍珠岩粉配制而成。含甲醛（CH_2O）应为2.25%～2.75%。

［性状］

本品为灰白色的最粗粉，有刺激性特臭。

［鉴别］

取本品5g，加水50ml，加氢氧化钠试液1ml使溶解，过滤。

（1）取滤液2ml，置试管中，加氨制硝酸银试液3滴，即析出细微的灰色沉淀，或在管壁生成光亮的银镜。

（2）取滤液2ml，加品红亚硫酸试液与稀盐酸数滴，即显红色。

[检查]

装量：按最低装量检查法（见本书第185页）检查，应符合规定。

[含量测定]

取本品约5g，精密称定，置烧杯中，加水50ml使溶解，加麝香草酚酞指示液5滴，用氢氧化钠液（0.1mol/l）滴定至溶液显蓝色，静置5min后，过滤，在滤液中加入已中和过的新配制的12.6%的亚硫酸氢钠溶液〈取亚硫酸氢钠溶液50ml，加麝香草酚酞指示液5滴，用硫酸溶液（0.5mol/l）滴定至无色〉50ml，用硫酸溶液（0.5mol/l）滴定至溶液蓝色消失，用此溶液洗涤初滤物，过滤，取滤液用硫酸溶液（0.5mol/l）滴定至溶液无色，再用此溶液洗涤初滤物，过滤，取滤液用硫酸溶液（0.5mol/l）滴定至溶液无色，即得。每毫升的硫酸溶液（0.5mol/l）相当于30.03mg的CH_2O。

[作用与用途]

消毒药。对家蚕多种病原微生物有杀灭作用。用于蚕体、蚕座消毒。

[用法与用量]

一般用于饷食后，第二次给桑前蚕体、蚕座消毒，也可每日使用，每次用量呈薄霜状为度。

[规格]

250g：甲醛6.25g。

[贮藏]

密封、遮光，在阴凉干燥处保存。

8. 蚕季安Ⅰ号

本品为氯化二甲基苄基烃铵。含烃铵盐以$C_{21}H_{38}ClN$计算，应不少于44.0%（g/g）。

[性状]

本品为无色或微黄色黏稠液体，强力振摇时则产生多量泡沫。

[鉴别]

（1）取本品0.2g，加硫酸1ml，溶解后加硝酸钠0.1g，置水浴上加热5min，冷却，加水10ml与锌粉0.5g，置水浴上温热5min；取上层清液2ml，加5%亚硝酸钠溶液1ml，在冰浴中冷却，再加碱性β-萘酚试液3ml，即显橙红色。

（2）本品水溶液显氯化物的鉴别反应（见本书第192页）。

[检查]

装量：按最低装量检查法（见本书第185页）检查，应符合规定。

[含量测定]

取本品约 0.25g，精密称定，置具塞锥形瓶中，加水 50ml 与氢氧化钠试液 1ml，摇匀，加溴酚蓝指示液 0.4ml 与氯仿 10ml，用四苯硼钠液（0.02mol/l）滴定，近终点时须强力振摇，至氯仿层的蓝色消失，即得。每毫升的四苯硼钠液（0.02mol/L）相当于 6.800mg 的 $C_{21}H_{38}ClN$。

[作用与用途]

消毒药。用于蚕室、蚕具消毒。

[用法与用量]

喷雾、浸渍：1 ∶1000 倍稀释，225ml/m^2。

[注意]

禁与肥皂及盐类消毒药合用。

[规格]

50ml。

[贮藏]

遮光，密封保存。

9. 蚕季安Ⅰ号溶液

本品为氯化二甲基苄基烃铵的水溶液。含烃铵盐以 $C_{21}H_{38}ClN$ 计算，应为 4.74%～5.25%。

[性状]

本品为无色或淡黄色的澄明液体，强力振摇时则产生大量泡沫。

[鉴别]

（1）取本品 6ml，置水浴上蒸干，加硫酸 1ml 溶解后加硝酸钠 0.1g，置水浴上加热 5min，冷却，加水 10ml 与锌粉 0.5g，置水浴上温热 5min；取上层清液 2ml，加 5%亚硝酸钠溶液 1ml，在冰浴中冷却，再加碱性 β-萘酚试液 3ml，即显橙红色。

（2）本品水溶液显氯化物的鉴别反应（见本书第 192 页）。

[检查]

装量：按最低装量检查法（见本书第 185 页）检查，应符合规定。

[含量测定]

精密量取本品 5ml，置具塞锥形瓶中，加水 50ml 与氢氧化钠试液 1ml，摇匀，加溴酚蓝指示液 0.4ml 与氯仿 10ml，用四苯硼钠液（0.02mol/l）滴定，近终点时须强力振摇，至氯仿层的蓝色消失，即得。每毫升的四苯硼钠液（0.02mol/l）相当于 6.800mg 的 $C_{21}H_{38}ClN$。

[作用与用途]

消毒药。用于蚕室、蚕具消毒。

[用法与用量]

喷雾、浸渍：1 ∶115 倍稀释，225ml/m^2。

[注意]

禁与肥皂及盐类消毒药合用。

[规格]

(1) 100ml：氯化二甲基苄基烃铵 5g。

(2) 500ml：氯化二甲基苄基烃铵 25g。

[贮藏]

遮光，密封保存。

10. 蚕季安Ⅱ号

本品为溴化三甲基烃铵。含烃铵盐以 $C_{15}H_{34}BrN$ 计算，应不得少于 47.0%(g/g)。

[性状]

本品为微黄色胶状体，具乙醇味，水溶液强力振摇时产生多量泡沫。

[鉴别]

(1) 取本品 0.2g，加水 5ml，加氢氧化钠试液 2ml，加热，产生的气体能使湿润的红色石蕊试纸变蓝，并伴有鱼腥臭。

(2) 本品水溶液显溴化物的鉴别反应（见本书第 192 页）。

[鉴别]

装量：按最低装量检查法（见本书第 185 页）检查，应符合规定。

[含量测定]

取本品约 0.25g，精密称定，置具塞锥形瓶中，加水 50ml。氢氧化钠试液 1ml，摇匀。加溴酚蓝指示液 0.4ml 与氯仿 10ml，用四苯硼钠液（0.02mol/l）滴定，近终点时须强力振摇，至氯仿层的蓝色消失，即得。每毫升的四苯硼钠液（0.02mol/l）相当于 6.167mg 的 $C_{15}H_{34}BrN$。

[作用与用途]

消毒药。用于蚕室、蚕具消毒。

[用法与用量]

喷雾、浸渍：1 ∶1000 倍稀释，225ml/m^2。

[规格]

50g。

[贮藏]

遮光，密封保存。

11. 蚕季安Ⅱ号溶液

本品为溴化三甲基烃铵的水溶液。含烃铵盐以 $C_{15}H_{34}BrN$ 计算，应为4.75%～5.25%。

[性状]

本品为无色或微黄色澄明液体，具乙醇味，强烈振摇时产生多量泡沫。

[鉴别]

(1) 取本品 5ml，加氢氧化钠试液 2ml，加热，产生的气体能使湿润的红色石蕊试纸变蓝，并伴有鱼腥臭。

(2) 本品水溶液显溴化物的鉴别反应（见本书第 192 页）。

[鉴别]

装量：按最低装量检查法（见本书第 185 页）检查，应符合规定。

[含量测定]

精密量取本品 5ml，置具塞锥形瓶中，加水 50ml，氢氧化钠试液 1ml，摇匀，加溴酚蓝指示液 0.4ml 与氯仿 10ml，用四苯硼钠液（0.02mol/l）滴定，近终点时须强力振摇，至氯仿层的蓝色消失，即得。每毫升的四苯硼钠液（0.02mol/l）相当于 6.167mg 的 $C_{15}H_{34}BrN$。

[作用与用途]

消毒药。用于蚕室、蚕具消毒。

[用法与用量]

喷雾、浸渍：1∶115 倍稀释，225ml/m^2。

[规格]

(1) 100ml：溴化三甲基烃铵 5g。

(2) 500ml：溴化三甲基烃铵 25g。

[贮藏]

遮光，密封保存。

12. 蚕病净

本品为甲醛与木屑和助燃剂配制而成。含甲醛（CH_2O）应为标示量的90.0%～110.0%。

[性状]

本品为浅褐色粗粉，有刺激性特臭。

[鉴别]

取本品约5g，加水50ml，加氢氧化钠试液1ml使溶解，滤过。

(1) 取滤液2ml，置试管中，加氨制硝酸银试液3滴，即析出细微的灰色沉淀，或在管壁生成光亮的银镜。

(2) 取滤液2ml，加品红亚硫酸试液与稀盐酸数滴，即显红色。

[检查]

(1) 干燥失重：取本品，置五氧化二磷干燥器中，干燥6h，减失重量不得过2.0%（见本书第194页）。

(2) 装量：按最低装量检查法（见本书第185页）检查，应符合规定。

[含量测定]

取本品约5g，精密称定，置烧杯中，加水50ml使溶解，加麝香草酚酞指示液5滴，搅匀，用氢氧化钠液（0.1mol/l）滴定至溶液显蓝色，静置15min后，过滤，在滤液中加入已中和过的12.6%的亚硫酸氢钠溶液［取亚硫酸氢钠溶液50ml，加麝香草酚酞指示液5滴，用硫酸液（0.5mol/l）滴定至无色］50ml，用硫酸液（0.5mol/l）滴定至溶液蓝色消失，用此溶液洗涤初滤物，过滤，取滤液用硫酸液（0.5mol/l）滴定至溶液无色，再用此溶液洗涤初滤物，过滤，取滤液用硫酸液（0.5mol/l）滴定至溶液无色，即得。每毫升的硫酸液（0.5mol/l）相当于30.03mg的CH_2O。

[作用与用途]

消毒药：用于蚕室、蚕具消毒；对家蚕多种病原微生物有杀灭作用。

[用法与用量]

一般用于养蚕前和养蚕后蚕室、蚕具第二次熏蒸消毒，也可用于蚕期熏蒸消毒，$24g/m^2$。

[规格]

500g：甲醛45g。

250g：甲醛22.5g。

[贮藏]

密封、遮光，在阴凉干燥处保存。

13. 脓蚕灵

本品含碘（I）应为0.90%～1.10%（g/ml）；含碘化钾（KI）应为0.68%～0.82%（g/ml）。

[处方]

碘	10g
碘化钾	7.5g
乙醇	适量
水	适量
全量	1000ml

[制法]

取碘化钾，加水 20ml 使溶解后，加碘及乙醇，搅拌使溶解，再加水使成 1000ml，即得。

[性状]

本品为红棕色的澄明液体；有碘与乙醇的特臭。

[鉴别]

(1) 取本品 2 滴，滴入淀粉指示液 1ml 与水 10ml 的混合液中，即显深蓝色。

(2) 取本品 10ml，置水浴上蒸干，缓缓炽灼，使游离碘完全挥发，残渣加水溶解后，溶液显钾盐（见钾盐检验方法）与碘化物（见本书第 192 页）的鉴别反应。

[含量测定]

(1) 碘：精密量取本品 20ml，置碘瓶中，加醋酸 1 滴，用硫代硫酸钠液（0.1mol/l）滴定，至溶液无色，即得。每 1ml 的硫代硫酸钠液（0.1mol/l）相当于 12.69mg 的 I。

(2) 碘化钾：取上述滴定后的溶液，加醋酸 2ml 与曙红钠指示液 0.1ml，用硝酸银液（0.1mol/l）滴定，至沉淀由黄色转变为玫瑰红色；将消耗的硝酸银液（0.1mol/l）的容积（ml）减去上述消耗的硫代硫酸钠液（0.1mol/l）的容积（ml），即得。每毫升的硝酸银液（0.1mol/l）相当于 16.60mg 的 KI。

[作用与用途]

消毒防腐药。用于蚕脓病。

[用法与用量]

(1) 添食：取本品 10ml，加水 1kg，均匀喷洒在 10kg 桑叶上给蚕添食。

(2) 预防：四龄起蚕时使用一次，五龄后隔日一次。

(3) 治病：每日一次，治愈为止。

[贮藏]

遮光，密闭，在阴凉处保存。

14. 脓微灵

本品含碘（I）应为 1.80%～2.20%（g/ml）；含碘化钾（KI）应为 1.35%～

1.65% (g/ml)。

[处方]

碘	20g
碘化钾	15g
乙醇	适量
水	适量
全量	1000ml

[制法]

取碘化钾，加水 20ml 溶解后，加碘及乙醇，搅拌使溶解，再加水使成 1000ml，即得。

[性状]

本品为红棕色的澄明液体；有碘与乙醇的特臭。

[鉴别]

(1) 取本品 1 滴，滴入淀粉指示液 1ml 与水 10ml 的混合液中，即显深蓝色。

(2) 取本品 5ml，置水浴上蒸干，缓缓炽灼，使游离碘完全挥发，残渣加水溶解后，溶液显钾盐（见钾盐的检验方法）与碘化物（见本书第 192 页）的鉴别反应。

[含量测定]

(1) 碘：精密量取本品 10ml，置碘瓶中，加醋酸 1 滴，用硫代硫酸钠液 (0.1mol/l) 滴定，至溶液无色，即得。每毫升的硫代硫酸钠液 (0.1mol/l) 相当于 12.69mg 的 I。

(2) 碘化钾：取上述滴定后的溶液，加醋酸 2ml 与曙红钠指示液 0.1ml，用硝酸银液 (0.1mol/l) 滴定，至沉淀由黄色转变为玫瑰红色；将消耗的硝酸银液 (0.1mol/l) 的容积 (ml) 减去上述消耗的硫代硫酸钠液 (0.1mol/l) 的容积 (ml)，即得。每毫升的硝酸银液 10.1mol/l 相当于 16.60mg 的 KI。

[作用与用途]

消毒防腐药。用于蚕室、蚕具及蚕体的消毒。

[用法与用量]

(1) 消毒。①蚕室蚕具消毒　本品 100ml，加水 15kg，稀释后喷洒或浸渍。②蚕体蚕座消毒　本品 100ml，加生石灰粉 15kg，搅匀配成散剂，均匀撒于蚕体蚕座上，用量呈薄霜状为度。

(2) 预防：4 龄起蚕时使用一次，5 龄后隔日一次。用量本品 10ml，兑水 1kg，均匀喷洒在 10kg 桑叶上给蚕添食。

(3) 治病：每日一次，治愈为止。

[贮藏]

遮光，密闭，在阴凉处保存。

15. 消毒净

本品每包大袋含三氯异氰尿酸以有效氯（Cl）计应不少于85.0%，小袋含碳酸氢钠（$NaHCO_3$）应不少于95.0%。

[性状]

本品均为白色结晶性粉末。

[鉴别]

(1) 三氯异氰尿酸：取本品（大袋）适量，置干燥试管中，加稀盐酸3ml，产生的气体能使湿润的碘化钾试纸显蓝色。

(2) 碳酸氢钠：本品（小袋）水溶液显钠盐（见本书第191页）与碳酸氢盐（附录28页）的鉴别反应。

[检查]

装量：取本品大、小袋，分别按最低装量检查法（见本书第185页）检查，均应符合规定。

[含量测定]

(1) 三氯异氰尿酸：取本品（大袋）约0.1g，精密称定，置碘瓶中，加水50ml，振摇使溶解，加碘化钾2g，稀醋酸10ml，密塞，摇匀，在暗处放置5min，用硫代硫酸钠液（0.1mol/l）滴定，至近终点时，加淀粉指示液2ml，继续滴定至蓝色消失，并将滴定结果用空白试验校正，即得。每毫升的硫代硫酸钠液（0.1mol/l）相当于3.545mg的Cl。

(2) 碳酸氢钠：取本品（小袋）约1g，精密称定，加水50ml使溶解，加甲基红-溴甲酚绿混合指示液10滴，用盐酸液（0.5mol/l）滴定，至溶液由绿色转变为紫红色。煮沸2min，冷却至室温，继续滴定至溶液由绿色转变为暗紫色，即得。每毫升的盐酸液（10.5mol/l）相当于42.00mg的$NaHCO_3$。

[作用与用途]

消毒药。对家蚕病毒病、真菌病、细菌病、原虫病的病原体有杀灭作用。用于蚕室、蚕具和桑叶叶面消毒。

[用法与用量]

(1) 临用前将大、小袋药物溶解，混合均匀，喷雾或浸渍消毒。

(2) 蚕室、蚕具消毒：1∶250倍稀释，225ml/m^2；桑叶叶面消毒1∶1000倍稀释。

[注意]

溶解后立即使用，禁与石灰或其他消毒药混用。

［规格］

（1）每包20g（大袋：三氯异氰尿酸16g；小袋：碳酸氢钠4g）。

（2）每包100g（大袋：三氯异氰尿酸80g；小袋：碳酸氢钠20g）。

［贮藏］

密封，在阴凉通风干燥处保存。

16. 消杀灵

本品每包含漂粉精（小袋）以有效氯（Cl）计，应不得少于50.0%，含氯化磷酸三钠（大袋）以有效氯（Cl）计，应不得少于1.4%。

［性状］

（1）漂粉精：本品（小袋）为白色或灰白色粉末和颗粒，有氯臭。

（2）氯化磷酸三钠：本品（大袋）为白色或类白色结晶性粉末。

［鉴别］

（1）漂粉精：取本品（小袋）适量，置干燥试管中，加稀盐酸3ml，产生的气体能使湿润的碘化钾淀粉试纸显蓝色。

（2）氯化磷酸三钠：①取本品（大袋）约0.2g，加水5ml溶解后，加稀盐酸3ml，产生的气体，能使湿润的碘化钾淀粉试纸显蓝色。②取本品（大袋）适量，用硝酸银试液湿润，即显黄色。

［检查］

装量：取本品大、小袋，分别按最低装量检查法（见本书第185页）检查，均应符合规定。

［含量测定］

（1）漂粉精：取本品（小袋）约0.2g，精密称定，置于研钵中，加少量水研磨，用100ml水转移至碘瓶中，加碘化钾2g、醋酸10ml，摇匀，在暗处放置10min，用硫代硫酸钠液（0.1mol/l）滴定，至近终点时，加淀粉指示液2ml，继续滴定至蓝色消失，即得。每毫升的硫代硫酸钠液（0.1mol/l）相当于3.545mg的Cl。

（2）氯化磷酸三钠：取本品（大袋）约2g，精密称定，置碘瓶中，加水50ml，振摇使溶解，加碘化钾2g、醋酸10ml，摇匀，在暗处放置5min，用硫代硫酸钠液（0.1mol/l）滴定，至近终点时，加淀粉指示液2ml，继续滴定至蓝色消失，即得。每毫升的硫代硫酸钠液（0.1mol/l）相当于3.545mg的Cl。

［作用与用途］

消毒药。对家蚕病毒病、真菌病、细菌病、原虫病的病原体有杀灭作用。主要用于蚕室、蚕具消毒。

[用法与用量]

喷洒或浸渍：蚕室、蚕具，每 100g 加水 20～25L 稀释，225ml/m^2，保湿 30min 以上。

[规格]

每包 100g（大袋：氯化磷酸三钠 70g；小袋：漂粉精 30g）。

[贮藏]

密封，干燥通风处保存。

[注意]

禁与其他消毒药混用。

17. 诺氟沙星溶液

本品为诺氟沙星的水溶液。含诺氟沙星（$C_{16}H_{18}FN_3O_3$）应为标示量的 90.0%～110.0%。

[性状]

本品为淡黄色的澄明液体。

[鉴别]

（1）取本品 2ml，置水浴上蒸干，加丙二酸约 30mg 与醋酐 0.5ml，在 80～90℃水浴中加热 5～10min，即显红棕色。

（2）取含量测定项下的溶液，照分光光度法（见本书第 188 页）测定，在 273、323 与 335nm 的波长处有最大吸收。

[检查]

（1）pH：应为 3.0～5.0（见本书第 192 页）。

（2）装量：按最低装量检查法（见本书第 185 页）检查，应符合规定。

[含量测定]

精密量取本品适量（约相当于诺氟沙星 50mg），置 100ml 量瓶中，加氢氧化钠液（0.1mol/l）稀释至刻度，摇匀，精密量取 1ml，置 100ml 量瓶中，用氢氧化液（0.1mol/l）稀释至刻度，摇匀，照分光光度法（见本书第 191 页），在 273nm 的波长处测定吸收度；另取诺氟沙星对照品，精密称定，按上法同样操作，根据二者吸收度比值计算，即得。

[作用与用途]

抗生素类药。用于家蚕的细菌病及病毒病。

[用法与用量]

添食：本品 2ml 加水 200ml，喷于桑叶叶面，以均匀湿润为度。发现蚕病时，可连续添食 3 次。

[规格]

2ml：50mg。

[贮藏]

遮光、密闭保存。

18. 强氯安

本品每包由四氯甘脲（小袋）与碳酸氢铵（大袋）组成。含四氯甘脲以有效氯（Cl）计不得少于90.0%，含碳酸氢铵以氨（NH_3）计不得少于20.7%。

[性状]

（1）四氯甘脲：本品（小袋）为白色粉末，有氯臭。

（2）碳酸氢铵：本品（大袋）为白色结晶性粉末，有氨臭。

[鉴别]

（1）四氯甘脲：取本品（小袋）适量，加稀盐酸，产生的气体能使湿润的碘化钾淀粉试纸显蓝色。

（2）碳酸氢铵：本品（大袋）的水溶液显铵盐（见铵盐检验方法）与碳酸氢盐的鉴别反应（见碳酸氢盐检验方法）。

[检查]

装量：取本品大、小袋，分别按最低装量检查法（见本书第185页）检查，均应符合规定。

[含量测定]

（1）四氯甘脲：取本品（小袋）0.1g，精密称定，置碘瓶中，加水50ml，加碘化钾1.5g，加硫酸10ml，密塞，摇匀，在暗处放置10min，用硫代硫酸钠液（0.1mol/l）滴定，至近终点时，加淀粉指示液2ml. 继续滴定至蓝色消失，即得。每毫升的硫代硫酸钠液（0.1mol/l）相当于3.545mg的Cl。

（2）碳酸氢铵：取本品（大袋）约2g，在称量瓶中精密称定，置盛有水80ml和精密加有盐酸液（1mol/l）20ml的烧杯中，使溶解后，加甲基橙指示液2滴，用盐酸液（1mol/l）滴定，至溶液显微红色，即得。每毫升的盐酸液（1mol/l）相当于17.03mg的NH_3。

[作用与用途]

消毒药。对家蚕病毒病、真菌病、细菌病、原虫病的病原体有杀灭作用。用于蚕室、蚕具消毒。

[用法与用量]

喷雾：临用前将大小袋药物总量用水，500倍稀释，225ml/m^2。

[规格]

(1) 每包 100g（小袋：四氯甘脲 10g；大袋：碳酸氢铵 90g）。

(2) 每包 50g（小袋：四氯甘脲 5g；大袋：碳酸氢铵 45g）。

[贮藏]

密封，在阴凉干燥处保存。

[注意]

不用时勿将大、小袋药物拆开或混在一起。

[有效期]

一年半。

19. 强力碘

本品为碘、碘化钾、硫酸、磷酸等制成的水溶液。含有效碘（I）应为 0.45%～0.55%（g/g）。含酸量以磷酸（H_3PO_4）计应为 2.7%～3.3%（g/g）。

[性状]

本品为棕红色的液体。

相对密度：本品的相对密度为 1.015～0.035。

[鉴别]

(1) 取本品 5～6 滴，加水 10ml，加淀粉指示液 1ml，即显深蓝色。

(2) 取本品 2ml，加水 5ml，加氯化钡试液，即产生白色沉淀，分离，沉淀在盐酸或硝酸中均不溶解。

(3) 取本品 2ml，加钼酸铵试液与硝酸后，加热即产生黄色沉淀。分离，沉淀能在氨试液中溶解。

[含量测定]

(1) 有效碘：取本品约 20g，精密称定，加水 50ml，用硫代硫酸钠液（0.1mol/l）滴定，至近终点时，加淀粉指示液 2ml。继续滴定至蓝色消失而显淡黄色，即得。每毫升的硫代硫酸钠液（0.1mol/l）相当于 12.69mg 的 I。

(2) 酸量（以磷酸计）：取本品约 2g，加水 50ml，滴加硫代硫酸钠试液至淡黄色，加酚酞指示液 2 滴，用氢氧化钠液（0.1mol/l）滴定，每 1ml 的氢氧化钠液（0.1mol/l）相当于 4.9mg 的 H_3PO_4。

[作用与用途]

消毒防腐药。用于蚕室、蚕座、蚕体消毒。

[用法与用量]

蚕室具消毒 1 ∶250 倍稀释，蚕座蚕体消毒 1 ∶500 倍稀。

[规格]

(1) 100ml;

(2) 200ml;

(3) 500ml。

[贮藏]

密封，避光保存。

20. 硫氰酸红霉素溶液

本品为硫氰酸红霉素的灭菌醇溶液。含红霉素应为标示量的90.0%～110.0%。

[性状]

本品为无色的澄明液体。

[鉴别]

取本品适量，置水浴上蒸干，照下法试验。

(1) 取残渣5mg，加硫酸2ml，缓缓摇匀，即显红棕色。

(2) 取残渣5mg，加丙酮2ml溶解后，加盐酸2ml，即显橙黄色，渐变为紫红色；再加氯仿10ml充分振摇，氯仿层显蓝色。

(3) 取残渣5mg，加水10ml，滴加三氯化铁试液2ml，摇匀，溶液显朱红色。

[检查]

装量：按最低装量检查法（见本书第185页）检查，应符合规定。

[含量测定]

精密量取本品适量，加甲醇（或乙醇）适量，用灭菌水稀释至每毫升含1000单位的溶液，照抗生素生物检定法测定，即得。

[作用与用途]

抗生素类药。用于革兰氏阳性菌和霉形体的感染。对家蚕细菌病有显著的防治效果。

[用法与用量]

(1) 添食：本品每12.5万单位溶于清水1kg，拌5～7.5kg桑叶，拌匀后即可喂蚕。

(2) 预防：可在3龄开始，每龄或隔天添食一次。

(3) 治疗：在发现蚕病较多时每天一移，用药量加倍。

[规格]

(1) 2ml：红霉素0.125g（125 000单位）。

(2) 2ml：红霉素0.25g（250 000单位）。

[贮藏]

密封，阴凉干燥处保存。

21. 蜕皮激素溶液

本品为蜕皮激素的乙醇溶液。含蜕皮激素以β-蜕皮激素（$C_{27}H_{44}O_7$）计应为标示量的90.0%～110.00%。

[性状]

本品为棕黄色的澄明液体。

[鉴别]

(1) 取本品适量（约相当于蜕皮激素50mg），加硫酸2ml，溶液显红棕色。

(2) 取含量测定项下的溶液，照分光光度法（见本书第188页）测定，在242±1nm的波长处有最大吸收。

[检查]

装量：按最低装量检查法（见本书第185页）检查，应符合规定。

[含量测定]

精密量取本品2ml（约相当于蜕皮激素45mg），置50ml量瓶中，用乙醇稀释至刻度，摇匀；精密量取1ml置50ml量瓶中，用乙醇稀释至刻度，摇匀，照分光光度法（见本书第191页），在242nm的波长处测定吸收度。按$C_{27}H_{44}O_7$的吸收系数（$E_{1cm}^{1\%}$）为249.6计算，即得。

[作用与用途]

激素类药。调节家蚕的生长发育，用于促使老熟一致，上蔟整齐。

[用法与用量]

见5%熟蚕时 本品2ml加水2000ml喷叶供2万只蚕（一张种）一次食完。

[规格]

(1) 1ml：22.5mg；

(2) 2ml：45mg。

[贮藏]

遮光，密闭保存。

22. 聚甲醛散（大、小蚕防病1号）

本品为聚甲醛与酸性陶土配制而成。含甲醛（CH_2O）应为标示量的90.0%～110.0%。

[性状]

本品为类白色粉末。

[鉴别]

取本品约 5g，加水 50ml，加氢氧化钠液（1mol/l）1ml，使其溶解，过滤。

（1）取滤液 2ml 加氨制硝酸银试液 3 滴，即析出细微的灰色沉淀，或在管壁上生成光亮的银镜。

（2）取滤液 2ml 加品红亚硫酸试液与稀盐酸数滴，即显红色。

[检查]

（1）干燥失重：取本品，置五氧化二磷干燥器中，干燥 6 小时，减失重量不得过 3.0%（见本书第 194 页）。

（2）装量：按最低装量检查法（见本书第 185 页）检查，应符合规定。

[含量测定]

取本品适量（约相当于聚甲醛 20mg），精密称定，置碘瓶中，加水 10ml，加氢氧化钠液（1mol/l）10ml，振摇 10 分钟，精密加碘液（0.1mol/l）20ml，摇匀，加硫酸液（0.5mol/l）15ml，用硫代硫酸钠液（0.1mol/l）滴定，至近终点时，加淀粉指示液 2ml，继续滴定至蓝色消失，并将滴定结果用空白试验校正，即得。每毫升的碘液（0.1mol/l）相当于 1.502mg 的 CH_2O。

[作用与用途]

消毒药。对家蚕多种病原微生物有杀灭作用。用于蚕体消毒。

[用法与用量]

一般用于饷食前蚕体消毒，也可每日使用。每次用量呈薄霜状为度。

[规格]

（1）1000g：聚甲醛 25g（大蚕用）；

（2）1000g：聚甲醛 12.5g（小蚕用）；

（3）500g：聚甲醛 6.25g（小蚕用）。

[贮藏]

遮光，密封干燥处保存。

23. 漂白粉

本品为含氯石灰。含有效氯（Cl）不得少于 25%。

[性状]

本品为灰白色颗粒性粉末；有氯臭；在空气中，即吸收水分与二氧化碳而缓缓分解；水溶液遇石蕊试纸显碱性反应，随即将纸漂白。

本品在水或乙醇中部分溶解。

[鉴别]

(1) 本品遇稀盐酸即发生大量的氯气。

(2) 本品显钙盐（见本书第 191 页）与氯化物（见本书第 192 页）的鉴别反应。

[含量测定]

取本品约 2g，精密称定，置乳钵中，分次加水 25ml，研匀，移置 500ml 的量瓶中，乳钵用水洗净，洗液并入量瓶中，并用水稀释至刻度，密塞，静置 10min，摇匀，精密量取混悬液 100ml，加碘化钾 1g 与醋酸 5ml，用硫代硫酸钠液（0.1mol/l）滴定，至近终点时，加淀粉指示液，继续滴定至蓝色消失，即得。每毫升硫代硫酸钠液（0.1mol/l）相当于 3.545mg 的 Cl。

[作用与用途]

消毒药。对家蚕病毒病、真菌病、细菌病、原虫病的病原体有杀灭作用。主要用于蚕室、蚕具消毒。

[用法与用量]

喷雾消毒。1 ∶25 倍稀释 $225ml/m^2$。

[贮藏]

密封保存。

24. 漂粉精

本品为含氯石灰精制而成。含有效氯（Cl）不得少于 50.0%。

[性状]

本品为类白色的颗粒性粉末；有氯臭；水溶液遇石蕊试纸显碱性反应，随即将试纸漂白。

[鉴别]

(1) 取本品适量，置干燥试管中，加稀盐酸 3ml，产生的气体能使湿润的碘化钾淀粉试纸显蓝色。

(2) 本品显钙盐（见本书第 191 页）与氯化物（见本书第 192 页）的鉴别反应。

[含量测定]

取本品约 1.5g，精密称定，置乳钵中，分次加水 25ml，研匀，移置 250ml 量瓶中，乳钵用水洗净，洗液并入量瓶中，并用水稀释至刻度，密塞，静置 10min，摇匀，精密量取混悬液 25ml，加碘化钾 1g、醋酸 5ml，用硫代硫酸钠液（0.1mol/l）滴定，至近终点时，加淀粉指示液 2ml，继续滴定至蓝色消失，即得。每毫升的硫代硫酸钠液（0.1mol/l）相当于 3.545mg 的 Cl。

[作用与用途]

消毒药。用于蚕室、蚕具、蚕体及桑叶消毒。

［用法与用量］

（1）蚕室、蚕具消毒：本品100g加水10～12kg稀释，喷洒于60m^2的蚕室或浸渍蚕具半小时，晾干后使用。

（2）蚕体消毒：①大蚕：本品100g，加新鲜石灰粉3kg混匀，每1m^2撒布30～40g；②小蚕：本品100g加新鲜石灰粉6kg混匀，每1m^2撒布30～40g。

（3）桑叶消毒：本品10g，加水2kg，搅拌使溶解，分三次喷洒于桑叶叶面上，晾干饲喂，3～4龄起蚕时各一次，5龄起蚕时各2次。

［贮藏］

密封，在阴凉干燥处保存。

25. 蚕福安

本品为甲醛溶液与酸性陶土配制而成，含甲醛（CH_2O）应为标示量的90.0%～100.0%。

［鉴别］

取本品5g，加水20ml，振摇，过滤。

（1）取滤液2ml，加氨制硝酸银试液3滴，即析出银，成细微的灰色沉淀，或在管壁生成光亮的银镜。

（2）取滤液2ml，加品红亚硫酸试液与稀盐酸数滴，即显红色。

［检查］

（1）干燥失重：取本品，在105℃干燥至恒重，减失重量不得过8.0%（见本书第194页）。

（2）粒度：本品应全部通过五号筛，通过六号筛的应不少于90%。

［含量测定］

取本品2g，精密称定，置碘瓶中，加水30ml，加氢氧化钠液（1mol/l）10ml，再精密加碘液（0.1mol/l）25ml，密塞，摇匀，在暗处放置30min，加硫酸液（0.5mol/l）15ml，用硫代硫酸钠液（0.1mol/l）滴定，至近终点时，加淀粉指示液1ml，继续滴定至蓝色消失，即得。每毫升的碘液（0.1mol/l）相当于1.502mg的CH_2O。

［作用与用途］

消毒药。对家蚕多种病原微生物有杀灭作用。用于蚕体蚕座消毒。

［用法与用量］

（1）蚕体消毒：在收蚁后，各龄起蚕及熟蚕体表各撒药一次，发病时每日一次，撒药须均匀，撒药后即给桑，但不能给湿叶。

（2）蚕座消毒：蚁蚕18g/m^2，2龄蚕27g，3龄蚕36g，4龄蚕45g，5龄

蚕 54g。

[规格]

(1) 500g：甲醛 5.8g；

(2) 1000g：甲醛 11.6g。

[贮藏]

遮光，密闭，在干燥处保存。

26. 全杀威

本品为三氯异氰尿酸与碳酸氢钠等配制而成。含三氯异氰尿酸以有效氯(Cl) 计应不得少于 60.0%。

[性状]

本品呈白色粉末状，有强氯臭。

[鉴别]

(1) 取本品适量，加稀盐酸 3ml，产生的气体能使湿润的碘化钾淀粉试纸显蓝色。

(2) 本品显钠盐（见本书第 191 页）与碳酸氢盐（见碳酸氢盐检验方法）的鉴别反应。

[检查]

装量：按最低装量检查法（见本书第 185 页）检查，应符合规定。

[含量测定]

取本品约 0.1g，精密称定，置碘瓶中，加水 50ml，加碘化钾 2g，稀醋酸 5ml，用硫代硫酸钠液（0.1mol/l）滴定，至近终点时，加淀粉指示液 2ml，继续滴定至蓝色消失，将滴定结果用空白试验校正，即得。每毫升的硫代硫酸钠液(0.1mol/l) 相当于 3.545mg 的 Cl。

[作用与用途]

消毒药。对家蚕病毒病、真菌病、细菌病、原虫病的病原体有杀灭作用。用于蚕室、蚕具和桑叶叶面消毒。

[用法与用量]

喷雾或浸渍 蚕室蚕具消毒 1 :250 稀释，225ml/m^2；桑叶叶面消毒 1 :800 稀释，叶面湿润为度。

[规格]

(1) 100g；

(2) 200g。

[贮藏]

密封，在阴凉干燥处保存。

27. 熏毒威

本品为三氯异氰尿酸与助燃剂配制而成，含三氯异氰尿酸以有效氯（Cl）计不得少于30.0%。

［性状］

本品为白色或类白色饼状物。

［鉴别］

取本品适量，加稀盐酸3ml，产生的气体能使湿润的碘化钾淀粉试纸显蓝色。

［检查］

装量：按最低装量检查法（见本书第185页）检查，应符合规定。

［含量测定］

取本品约0.2g，精密称定，置碘瓶中，加水50ml，加碘化钾2g，稀醋酸10ml，密塞，摇匀，在暗处放置10分钟，用硫代硫酸钠液（0.1mol/l）滴定，至近终点时，加淀粉指示液2ml，继续滴定至蓝色消失，将滴定结果用空白试验校正，即得。每1ml的硫代硫酸钠液（0.1mol/l）相当于3.545mg的Cl。

［作用与用途］

消毒药。对家蚕病毒病、真菌病、细菌病、原虫病的病原体有杀灭作用。用于蚕期中的蚕体、蛹体的防僵消毒及蚕期前的蚕室蚕具消毒。

［用法与用量］

点燃，密闭烟熏。蚕期中的蚕体、蛹体防僵1.5g/m^3；蚕期前的蚕室蚕具消毒7.5g/m^3。

［规格］

50g。

［贮藏］

密封，在阴凉干燥处保存。

附　录

制剂通则

1 散剂

散剂指一种或数种药物均匀混合制成的粉末状制剂。根据治疗用途的不同，可分为内服散剂和外用散剂。

散剂生产与贮藏时，应符合下列有关规定。

第一，散剂中的药物均应粉碎，除另有规定外，一般应通过六号筛。

第二，散剂应干燥，疏松，混合均匀，色泽一致。如含有毒、限、剧药或贵重药物时，应用研法与其他药物粉末混合均匀并过筛。

第三，必要时散剂中可加入稀释剂等，但必须符合本标准、《中国药典》或经农林、卫生部门批准的质量标准的规定。

第四，除另有规定外，散剂应密闭保存，防止受潮。

[均匀度]

检查法：取散剂适量置光滑纸上，用适宜用具将其表面压紧，在光亮处观察，应呈现均匀的色泽，无花纹、色斑。

[装量差异限度]

除另有规定外，散剂装量差异限度不得超过±2%。

检查法：取散剂 5 包，分别称定每包重量后，每包重量与标示量相比较，超出差异限度的散剂应不得在 1 包以上，并超出的重量不得差异限度相差 1 倍。

2 细度检查法

精密称取粉末 25g，置标准筛内，用盖与接受器密合，转动，叩击并振摇 10min，待粉末不再通过筛网时，将通过的粉末取出，精密称定重量，计算其百分比，即得。

3 最低装量检查法

本品适用于固体、半固体、黏稠液体和溶液制剂。在制剂通则中已规定检查装量差异，重量差异者除外。

检查法有两种。①称重法（适用于标示量以克计者）取供试品 5 个（50g 以上者 3 个）包装，除去外盖和标签，容器外壁用适宜的方法清洁并干燥，分别精密称定重量，除去内容物，容器用适宜的溶剂洗净并干燥，并分别精密称定空容器的重量，求出每个包装内容物的装量与平均装量。②量体积法（适用于标示量以毫升计者）取供试品 5 个（50ml 以上者 3 个）包装、开启时注意避免损失，将内容物分别用干燥并预经校正的注射器抽尽，50ml 以上者可倾入经校正的干燥量筒中，读出每个包装内容物的装量，并求出平均装量。

装量限度 5 个（或 3 个）包装供试品的平均装量应不少于其标示量（黏稠液体不少于其标示量的 95%），并且 50g（或 50ml）和 50g（或 50ml）以下者，每个包装的装量均应不少于其标示量的 90%（黏稠液体 85%）；50g（或 50ml）以上者，每个包装量均应不少于其标示量 95%（黏稠液体 90%）。如果不符合上述规定，应量取 5 个（50g 或 50ml 以上者 3 个）包装，总共 10 个（或 6 个）包装供试品的平均装量应不少于其标示量（黏稠液体不少于其标示量的 95%），并且 50g（或 50ml）和 50g（或 50ml）以下者，每个包装的装量少于其标示量的 90%（黏稠液体 85%）或 50g（50ml）以上者，每个包装的装量少于其标示量的 95%（黏稠液体 90%）的均不得多于 1 个包装。

4 澄明度检查法

4.1 检查装置

采用伞棚式检查装置。24 寸 20W 的日光灯，照度为 1000～2000lx，用目检视。背景用不发光黑色材料。

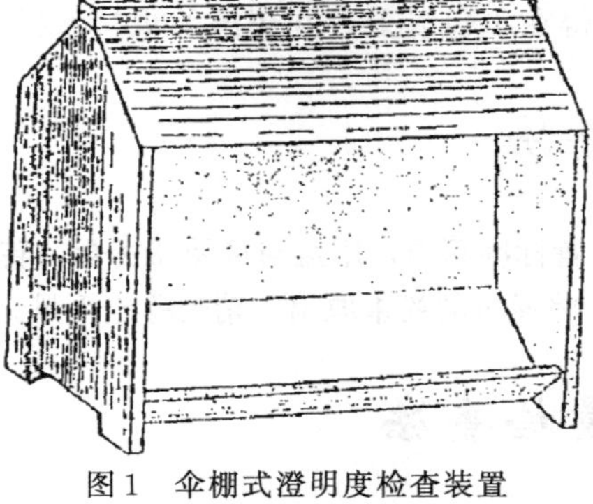

图 1 伞棚式澄明度检查装置

4.2 检查方法

每批抽样100支，置检查装置下，用目检视，不得有明显可见的玻璃块，长硬毛，纸屑、金属屑等异物。如检查结果不符合规定时，应再按上述规定取样检查，检查结果应全部符合规定。

5 熔点测定法

熔点指一种物质照下述方法测定，由固体熔化成液体的温度，熔融同时分解的温度，或在熔化时自初熔至全熔的一段温度。

某些药品具有一定的熔点，测定熔点可以区别或检查药品的纯杂程度。依照物质的性质不同，测定法可分为两种。

熔点测定法所需仪器用具如下。

(1) 容器：供放置传温液用。用可硬质玻璃制成的烧杯、圆底玻璃管或其他适宜的容器，能耐直火加热。

(2) 搅拌器：供搅动传温液用，使传温液温度均匀。

(3) 温度计：供测定传温液的温度及供试品熔点用。可用分浸型具有0.5℃刻度的温度计，应用熔点测定用标准品校正。

(4) 熔点测定毛细管（简称毛细管）：供放置供试品用。应选用中性硬质玻璃管制成，长9cm以上，当所用温度计浸入传温液在6cm以上时，管长应适当增加，使露出液面3cm以上，内径为0.9～1.1mm，壁厚0.01～0.15mm，一端熔封。

(5) 传温液：熔点在80℃以下者，用水；熔点在80℃以上者，用液状石蜡、硅油、硫酸等；熔点在300℃以上者，用硫酸钾3份与硫酸7份的溶液。

方法一：供测定易碎的固体药品用。

取供试品，研成细粉，除另有规定外，应参照各该药品项下干燥失重的温度干燥。如该药品不检查干燥失重，熔点范围低限在135℃以上，受热不分解的供试品，可采用105℃干燥；熔点在135℃以下的或受热分解的供试，可在五氧化二磷干燥器中干燥过夜或用其他适宜的干燥方法干燥。分取适量，置毛细管中，轻击管壁，或借助长短适宜的洁净玻璃管，垂直放在表面皿或其他适宜的硬质物体上，将毛细管自上口放入使自然落下，反复数次，使粉末紧密集结管底，装入供试品在管底高度3mm。另将温度计放入盛装传温液的容器中，使温度计汞球部的底端与容器的底部距离2.5cm以上（用内加热的容器，温度计汞球与加热器上表面距离2.5cm以上）。加入传温液至传温液加热后的液面适浸至温度计的分浸线处，将传温液加热，当温度上升至较规定的熔点低限尚低约10℃时，将毛细管浸入传温液，贴附在温度计上，位置须使毛细管的内容物部分适在温度计汞球中部；继续加热，调节升温速度使温度每分钟上升1.0～1.5℃，加热时须不断搅拌使温度保持均匀。供试品在毛细管内开始局部液化时的温度，作为初熔温度；供试品全部液化（澄明）时的温度，作为全熔温度。

测定熔融时分解的供试品的熔点时，方法如上述，但调节升温速度，使每分钟上升2.5～3℃，供试品开始局部液化时（或开始产生气泡时）的温度作为初熔温度；供试品固相消失全部液化时，有时固相消失不明显，应以供试品分解物开始膨胀上升时的温度作为全熔温度。某些药品无法分辨初熔、全熔时，可记录其发生突变时的温度，该温度和初熔、全熔温度一样，均应在各该药品项下规定的范围以内。

方法二：供测定不易粉碎的固体药品（如脂肪、脂肪酸、石蜡、羊毛脂等）用。

取供试品，注意用尽可能低的温度熔融后，吸入两端开口的毛细管中，使高达约10mm。在10℃以下的冷处静置24h，或置冰上放冷不少于2h，凝固后用橡皮圈将毛细管紧缚在温度计上，使毛细管的内容物部分适在温度计汞球中部。照第一法将毛细管连同温度计浸入传温液中，供试品的上端应适在传温液面下约10mm处，注意加热，当温度上升至较规定的熔点低限尚低约5℃时，调节火力使温度每分钟上升不超过0.5℃，至供试品在毛细管中开始上升时，检读温度计上显示的温度，即得。

6 分光光度法

分光光度法是通过测定被测物质在某些特定波长处或一定波长范围内光的吸收度，对该物质进行定性或定量分析的方法。

药品分析一般用到三种光区：①200～400nm的紫外光区；②400～850nm的可见光区；③2.5～15μm（或按波数计为每厘米4000～667）的红外光区。所用仪器为紫外分光光度计、可见光分光光度计（或比色计）、红外分光光度计或原子吸收分光光度计。

在紫外光和可见光区，灵敏度和精密度较高，一般每毫升溶液中含有数微克的物质即可测定；在此区域内，物质对光的吸收主要系分子中电子的能级跃迁所致，同时伴随着分子的振动和转动能级的变化；电子吸收光谱一般比较简单平缓，选择性不如红外光区，故主要用于定量分析及作为物理常数的测定。红外光区的灵敏度和精密度较低，一般需数百微克的供试品进行测定，在此区域中，物质对光的吸收系分子中振动的转动能级的跃迁所引起；红外光谱（或称振转光谱）的特征性很强，特别是在 7～15μm 一段（称为“指纹区”），吸收峰很多，而且尖锐，故主要用于物质的鉴别和分析结构。

单色光辐射穿过被测物质溶液时，被测物质吸收的量与该物质的浓度和介层的长度（光路长度）成正比，其关系如下式：

$$A=\log \frac{l}{t}=ECL$$

式中，A 为吸光度；T 为透光率；E 为吸光系数。本标准采用的表示方法是 $E_{1cm}^{1\%}$，即吸收度换算成溶液浓度为 1%（g/ml），光路长度为 1cm 的数值；C 为 100ml 溶液中所含溶质的重量（g）；l 为光路长度（cm）。

物质对光的选择性吸收的波长，以及相应的吸收系数是该物质的物理常数。当已知某纯物质在一定条件下的吸收系数后，可同样条件将该供试品配成溶液，测定其吸收度，即可由上式计算出供试品中该物质的含量。在可见光区，除某些物质对光有吸收外，很多物质本身并没有吸收，但可在一定条件下加入显色试剂或经过处理使其显色后再测定，故又称比色分析。由于显色时影响呈色深浅的因素较多，且常使用单色光纯度较差的简单的可见光分光度计或北色计，用这类仪器测得的吸收度常比单色光纯度高的仪器偏低，故测定时应用标准品或对照品同时操作，比色法的误差通常比紫外分光光度稍大。

使用分光光度计和比色计时，应按仪器说明进行操作，并应定期对仪器进行校正检定，使仪器的准确度和精密度符合要求。这些校正检定包括波长、分辨率、吸收度、杂散光与吸收池误差等。

6.1 紫外分光光度法

用紫外分光光度法测定供试品时，由于温度变化对机械部分的影响，仪器的波长经常会略有变动，因此除应定期对所用的仪器进行全面校正检定外，还应于测定前核对一下波长。用汞灯校正最好，汞灯可用做校正仪器波长的较强谱线为 237.83nm、253.65nm、275.28nm、296.73nm、313.16nm、334.15nm、365.02nm、404.66nm、435.83nm、546.07nm、576.96nm，简便的核对波长方法，可用仪器氢灯的 379.79nm、486.13nm 和 656.28nm 三条谱线进行。氘灯可用 486.02nm 和 656.10nm 的谱线。钬玻璃在 279.3nm、287.6nm、333.8nm、360.8nm、418.5nm 和 536.4nm 有尖锐吸收峰，可供作为波长校正，但因来源不同会有一定的差别，使用时应注意。高氯酸钬溶液［取 8.8ml 70%高氯酸加水稀释成 25ml，加入氧化钬（Ho_2O_3）1g 使溶解］的尖锐吸收峰在 241.15nm、278.2nm、361.5nm 和 536.3nm，可供校正没有单光束测定设备的双光束紫外分光光度计波长之用。

吸收度的准确度可能重铬酸钾的硫酸液（0.005mol/l）检定。取在 120℃干燥至恒重的基准重铬酸钾约 60mg，精密称定，用硫酸液（0.005mol/l）溶解并稀释至 1000ml，在下表规定的波长测定并计算其吸收系数。其吸收系数如表 1，相对偏差应为±1%以内。

检查杂散光可用 1.2%（g/ml）氯化钾溶液，置 1cm 石英吸收池中，以水为空白，在 200nm 波长测定透光率，不应大于 1.0%。

表 1　波长与吸收系数对应表

波长/nm	235（最小）	257（最大）	313（最小）	350（最大）
吸收系数 $E_{1cm}^{1\%}$	124.5	144.0	48.62	106.6

测定供试品前，应先检查所用的溶剂在测定供试品所用的波长附近是否符合要求，并不得有干扰吸收峰；用 1cm 石英吸收池盛溶剂，以空气为空白（即空白光路中不置任何物质）测定其吸收度，在 220～240nm 范围内，溶剂和吸收池的吸收度不得超过 0.4，在 241～250nm 范围内不得超过 0.2，在 251～300nm 范围内不得超过 0.1，在 300nm 以上时不得超过 0.05。

测定时除另有规定外，应以配制供试品溶液的同批溶剂为空白，采用 1cm 的吸收池。并应在规定的吸收峰波长±1～2nm（或再多一些）处再测试几点的吸收度，以核对供试品的吸收峰波长位置是否正确，并以吸收度最大的波长作为测定波长。一般供试品溶液的吸收度读数，以在 0.3～0.7 的误差较小。仪器的狭缝波带宽度应小于供试品吸收带的半宽度，否则测得的吸收度会偏低；狭缝宽度的选择，应以减小狭缝宽度时供试品的吸收度不再增加为准。由于吸收池本身可能有空白吸收，所以测定供试品的吸收度后应减去装有溶剂的吸收池在规定波长测得的吸收度，再计算含量。

6.2　比色法

用比色法测定时，应取对照（标准）品同时操作。除另有规定外，比色法所用的空白系指用同体积的溶剂代替对照（标准）品或供试品溶液，然后依次加入相应的同体积的各种试剂，并用同样办法处理。在规定的波长处测定对照（标准）品和供试品溶液的吸收度后，可按下式计算：

$$C_s = \frac{A_s}{A_r} C_r$$

式中，C_s 为供试品溶液的深度；A_s 为供试品溶液的吸收度；C_r 为对照（标准）品溶液的浓度；A_r 为对照（标准）品溶液的吸收度。

在吸收度和浓度关系不呈线性时，应取数份梯度量的对照（标准）品溶液，用溶剂补充至同一体积，显色后测定各份的吸收度，然后以吸收度与浓度关系绘制标准曲线，再根据供试品管的吸收度在标准曲线上求出其含量。

7 薄层层析法

薄层板系将吸收剂或载体涂布于大小适宜的玻璃板（除另有规定外，用5cm×20cm、10cm×20cm或20cm×20cm）上，使成一均匀的薄层。所用玻璃板要求清洁、光滑、平整；吸附剂或载体的颗粒大小，除另有规定外，一般要求直径小于70μm。薄层板的制备，除另有规定外，一般可分无黏合剂和含黏合剂两种：前者系将吸附剂或载体直接涂布于玻璃板上即可使用；后者系在吸附剂或载体中加入一定量的黏合剂，除另有规定外，一般可用10%～15%煅石膏（$CaSO_4 \cdot 2H_2O$在140℃烘4h）混匀后加水适量，或用羧甲基纤维素钠水溶液（0.5%～0.7%）适量调成糊状，均匀涂布于玻璃板上，置水平台上，在空气晾干，除另有规定外，在110℃烘0.5～1h，放置干燥器中备用。薄层厚度，除另有规定外，一般选用0.2～0.3mm；厚度控制方法，可用控制一定量吸附剂或载体量的方法，或用其他适宜的薄层涂布器。点样基线距底边2.5cm，样点直径及点间距离同纸层析法。

薄层层析的层析缸可用大小适宜的密闭玻璃缸。薄层板在层析缸内的放置角度，除另有规定外，一般无黏合剂板的放置角度与水平成15～20°角，含黏合剂板的放置角度可大于60°角，或接近垂直。流动相浸入的深度离薄层板底边0.5～1.0cm。其他如薄层的展开方法、所用溶剂或流动相的纯度要求、层析时的温度、层析时流动相的饱和以及层析斑点的检出等，均与纸层析法基本一致。展开的距离，除另有规定外，一般为15cm。

8 一般鉴别试验

8.1 钙盐

（1）取铂丝，用盐酸湿润后，蘸取供试品，在无色火焰中燃烧，火焰即显砖红色。

（2）取供试品中性或碱性溶液，加草酸铵试液，即发生白色沉淀；分离，所得沉淀不溶于醋酸，但溶于盐酸。

8.2 钠盐

（1）取铂丝，用盐酸湿润后，蘸取供试品，在无色火焰中燃烧，火焰即显鲜黄色。

（2）取供试品的中性溶液，加醋酸氧铀锌试液，即发生黄色沉淀。

8.3 氯化物

（1）取供试品溶液，加硝酸使成酸性后，加硝酸银试液，即发生白色凝乳状沉淀；分离，加氨试液，沉淀即溶解，再加硝酸，沉淀复生成。如供试品为生物碱或其他有机碱的盐酸盐，须先加氨试液使成碱性，将析出的沉淀滤过除去，取滤液进行试验。

（2）取供试品少量，置试管中，加等量的二氧化锰，混匀，加硫酸湿润，缓缓加热，即发生氯气，能使湿润的碘化钾淀粉试纸显蓝色。

8.4 溴化物

（1）取供试品溶液，加硝酸银试液，即发生淡黄色凝乳状沉淀，分离，沉淀能在氨试液中微溶，但在硝酸中几乎不溶。

（2）取供试品溶液，滴加氯试液，溴即游离，加氯仿振摇，氯仿层显黄色或红棕色。

8.5 磷酸盐

（1）取供试品的中性溶液，加硝酸银试液，即发生浅黄色沉淀；分离，沉淀在氨试液或稀硝酸中均易溶解。

（2）取供试品溶液，加氯化铵镁试液，即发生白色结晶性沉淀。

（3）取供试品溶液，加钼酸铵试液与硝酸后，加热即发生黄色沉淀；分离，沉淀能在氨试液中溶解。

9 pH测定方法

测定水溶液的 pH 用电位法。电位法应用酸度计测定，以玻璃电极为指示电极。

所用酸度计，应定期检定，使精密度和准确度符合要求。酸度计的作用操作方法，按照仪器说明书进行。

第一，仪器校准（定位）用标准缓冲液，应使用 pH 标准缓冲物质配制，配制方法如下。

（1）草酸三氢钾标准缓冲液：精密称取在 54±3℃干燥，4～5h 的草酸三氢钾［$KH_3(C_2O_4)_2 \cdot 2H_2O$］12.61g，加水使溶解并稀释至1000ml。

（2）邻苯二甲酸氢钾标准缓冲液：精密称取在115±5℃干燥2～3h的邻苯二甲酸氢钾［$KHC_8H_4O_4$］10.12g，加水使溶解并稀释至1000ml。

（3）pH6.8磷酸盐标准缓冲液：精密称取在115±5℃干燥2～3h的无水磷酸氢二钠3.533g与磷酸二氢钾3.387g，加水使溶解并稀释至1000ml。

（4）pH7.4磷酸盐标准缓冲液：精密称取在115±5℃干燥2～3h的无水磷酸氢二钠4.303g磷酸二氢钾1.179g，加水使溶解并稀释至1000ml。

（5）硼砂标准缓冲液：精密称取硼砂［$Na_2B_4O_7 \cdot 10H_2O$］3.80g（注意：避免风化），加水使溶解并稀释至1000ml，置聚乙烯塑瓶中，密塞，避免与空气中二氧化碳接触。

以上标准缓冲液，在保存期间若发现有浑浊、发霉、沉淀等现象时，则不能继续使用；其标准pH值如表2所示。

表2 标准缓冲液pH标准

温度/℃	草酸三氢钾标准缓冲液	邻苯二甲酸氢钾标准缓冲液	pH 6.8磷酸盐标准缓冲液	pH 7.4磷酸盐标准缓冲液	硼砂标准缓冲液
1	1.67	4.01	6.98	7.52	9.46
5	1.67	4.00	6.95	7.49	9.39
10	1.67	4.00	6.92	7.47	9.33
15	1.67	4.00	6.90	7.44	9.28
20	1.68	4.00	6.88	7.43	9.23
25	1.68	4.00	6.86	7.41	9.18
30	1.68	4.01	6.85	7.40	9.14
35	1.69	4.02	6.84	7.39	9.10
40	1.69	4.03	6.84	7.38	9.07
45	1.70	4.04	6.83	7.38	9.04
50	1.71	4.06	6.83	7.38	9.02

第二，注意事项

（1）测定前校准仪器时，应选择与供试液pH值接近的标准缓冲液。

（2）为了使测定结果可靠，在测定时用标准缓冲液校正仪器后，应再用另一种相差约3pH的标准缓冲液核对1次，误差不应超过±0.1pH。

（3）每次更换标准缓冲液或供试液前，应用水充分洗涤电极，然后将水吸尽，也可用所换的标准缓冲液或供试液洗涤。

（4）对pH大于9的溶液的测定，应使用高碱玻璃电极；使用有碱误的电极测定时，应校正碱误。

（5）对弱缓冲液（如水）的pH测定，先用邻苯二甲酸氢钾标准缓冲液校正仪器后测定供试液，并重取供试液再测，直至pH值读数在1分钟内改变不超过±0.05为止；然后再用硼砂标准缓冲液校正仪器，再如上法测定：二次pH读数相差应不超过0.1，取二次读数的平均值为其pH。

(6) 配制标准缓冲液的水与溶解供试品的水，应是新沸过的冷蒸馏水，其pH应为5.5～7.0。

10 干燥失重测定法

取供试品，混合均匀（如为较大的结晶，应先迅速捣碎使成2mm以下的小粒）。分取约1g或各该药品项下所规定的重量，置已在与供试品同样条件下干燥至恒重的扁形称瓶中，精密称定，除另有规定外，照各该药品项下规定的条件干燥至恒重。从减失的重量和取样量计算供试品的干燥失重。

供试品干燥时，应平铺在扁形称瓶中，厚度不可超过5mm，如为疏松物质，厚度不可超过10mm。放入烘箱或干燥器时，应将瓶盖取下，置称瓶旁，或将瓶盖半开进行干燥。取出时，须将瓶盖好。在烘箱内干燥的，在干燥后应先置干燥器中放冷至室温，然后称定重量。

供试品如未达规定的干燥温度即融化时，应先将供试品置较低的温度中，干燥至大部分水分除去后，再按规定条件干燥。

当用减压干燥器或恒温减压干燥器时，除另有规定外，压力应在2.67kPa (2mmHg) 以下。干燥器中常用的干燥剂为无水氯化钙、硅胶或五氧化二磷等，恒温减压干燥器中常用的干燥剂为五氧化二磷。干燥剂应处于有效状态。

11 费休氏水分测定法

本法是根据碘和二氧化硫在吡啶和甲醇溶液中能与水起定量反应的原理以测定水分。所用仪器应干燥，并能避免空气中水分的侵入；测定操作宜在干燥处进行。

11.1 费休氏试液的制备与标定

(1) 配制：称取碘（置硫酸干燥器内48h以上）110g，置干燥的具塞烧瓶中，加无水吡啶160ml，注意冷却，振摇至碘全部溶解后，加无水甲醇300ml，称定重量，将烧瓶置冰浴中冷却，通入干燥的二氧化硫至重量增加72g，再加无水甲醇使体积为1000ml，密塞，摇匀，在暗处放置24h。

本液应遮光，密封，置阴凉干燥处保存。临用前应标定浓度。

(2) 标定：取干燥的具塞玻瓶，精密称入重蒸馏水约30mg，加无水甲醇2～5ml，用本液滴定至溶液由浅黄色变为红棕色，或用永停滴定法指示终点；另做空白实验，按下式计算，即得

$$F=\frac{W}{A-B}$$

式中，F 为每 1ml 费休氏试液相当于水的重量（mg）；W 为称取重蒸馏水的重量（mg）；A 为滴定所消耗费休氏试液的容积（ml）；B 为空白所消耗费休氏试液的容积（ml）。

11.2 测定方法及标准

精密称取供试品适量（约消耗费休氏试液 1～5ml），置干燥的具塞玻瓶中，加无水甲醇 2～5ml，在不断振摇（或搅拌）下用费休氏试液滴定至溶液由浅黄色变为红棕色，或用永停滴定法指示终点；另做空白试验，按下式计算，即得。

$$供试品中水分含量（\%）=\frac{(A-B)\ F}{W}\times 100$$

式中，A 为供试品所消耗费休氏试液的容积（ml）；B 为空白所消耗费休氏试液的容积（ml）；F 为每 1ml 费休氏试液相当于水的重量（mg）；W 为供试品的重量（mg）。

12 电位滴定法与永停滴定法

电位滴定法与永停滴定法是容量分析中用以确定终点和选核指示剂变色域的方法。选用适当的电极系统可以作氧化还原法、中和法（水溶液或非水溶液）、沉淀法、重氮化法或水分测定法等的终点指示。

电位滴定法选用 2 个不同的电极。1 个为指示电极，其电极电势可随溶液中被分析成分的离子浓度的变化而变化；另 1 个为参比电极，其电极电势固定不变。在到达滴定终点时，在被分析成分的离子浓度急剧变化而引起指示电极的电势突减或突增，此转折点称为突跃点。

永停滴定法采用 2 个相同的铂电极，当在此 2 个电极间加一低电压（如 50mV）时，若电极在溶液中极化，则在未到滴定终点前，仅有很小或无电流通过；但当到达终点时，滴定液略有过剩，使电极去极化，溶液中即有电流通过，电流计指针突然偏转，不再回复。反之，若电极由去极化变为极化，则电流计指针从偏转回到零点，也不再变动。

仪器装置：电位滴定可用电位滴定、酸度计或电位差计，永停滴定可用永停滴定仪或按图 2 装置。

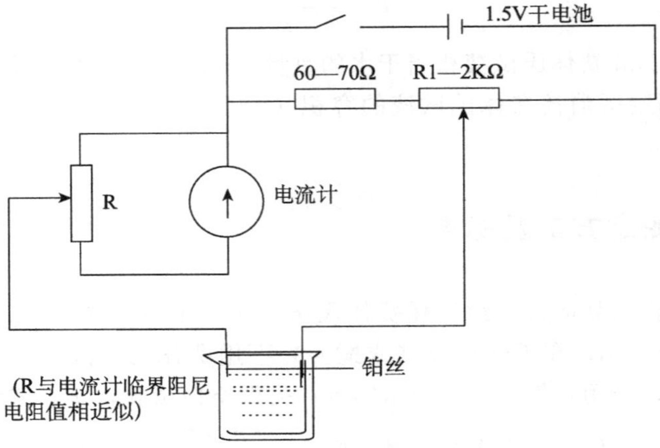

图2　永停滴定装置图

电流计的灵敏度除另有规定外，测定水分时用 10^{-6} A/格，重氮化法用 10^{-9} A/格。所有电极可按表3选择。

表3　电极选择表

方法	电极系统	说明
水溶液氧化还原法	铂—饱和甘汞	铂电极用加有少量三氮化铁的硝酸或用铬酸清洁液浸洗
水溶液中和法	玻璃—饱和甘汞	
非水溶液和中法	玻璃—饱和甘汞	饱和甘汞电极套管内装氯化钾的饱和无水甲醇溶液。璃电极用过后应即清洗并浸在水中保存
永停法	铂—铂	铂电极用加有少量三氯化铁的硝酸或用铬酸清洁液浸洗
水溶液银量法	银—玻璃	银电极可用稀硝酸迅速浸洗

12.1　滴定法

(1) 电位滴定法：将盛有供试品溶液的烧杯置电磁搅拌器上，浸入电极，搅拌，并自滴定管中分次滴加滴定液；开始时可每次加入较多的量，搅拌，记录电位；至将近终点前，则应每次加入少量，搅拌，记录电位；至突跃点已过，仍应继续滴加几次滴定液，并记录电位。

用坐标纸以电位（E）为纵坐标，以滴定液体积（V）为横坐标，绘制 $E-V$ 曲线，以此曲线的转折部分的中心为滴定终点。或以 $\triangle E/\triangle V$（即间隔两次的电位差和加入滴定液的体积差之比）为纵坐标，以滴定液体积（V）为横坐标，绘制 $\triangle E/\triangle V-V$ 曲线，并以 $\triangle E/\triangle V$ 的极大值为滴定终点。

如系供指示剂变色域的选核，滴定前加入指示剂，观察终点前至终点后的颜色变化，以选定该品种终点时的指示剂颜色。

（2）永停滴定法：用作重氮化法的终点指示时，调节 R_1 使加于电极上的电压约为 50mV。取供试品适量，精密称定，置烧杯中，除另有规定外，可加水 40ml 与盐酸溶液（1→2）15ml，而后置电磁搅拌器上，搅拌使溶解，再加溴化钾 2g，插入铂-铂电极后，将滴定管的尖端插入液面下约 2/3 处，用亚硝酸钠液（0.1mol/l 或 0.05mol/l）迅速滴定，随滴随搅拌，至近终点时，将滴定管的尖端提出液面，用少量水淋洗尖端，洗液并入溶液中，继续缓缓滴定，至电流计指针突然偏转，并不再回复，即为滴定终点。

用作水分测定的终点指示时，可调节 R_1 使电流计的初始电流为 5～10μA，待滴定到电流突增至 50～150μA，并持续数分钟不退回，即为滴定终点。

13　标准比色液

（1）比色用三氯化铁液：取三氯化铁约 27.5g，加适量的盐酸溶液（1→40）使溶解成 500ml。精密量取 10ml，置碘瓶中，加碘化钾 2g 与盐酸 5ml，密塞，在暗处静置 15min，加水 100ml，用硫代硫酸钠液（0.1mol/l）滴定，至近终点时，加淀粉指示液 2ml，继续滴定至蓝色消失。每毫升的硫代硫酸钠液（0.1mol/l）相当于 27.03mg 的 $FeCl_3 \cdot 6H_2O$。根据上述测定结果，在剩余的原溶液中加适量的盐酸溶液（1→40）使每毫升溶液中适含 45.0mg 的 $FeCl_3 \cdot 6H_2O$，即得。

（2）比色用重铬酸钾液：取重铬酸钾，研细后，在 120℃干燥至恒重，精密称取 0.4000g，置 500ml 量瓶中，加适量水溶解并稀释到刻度，摇匀，即得。每 1ml 溶液含 0.8mg 的 $K_2Cr_2O_7$。

（3）比色用硫酸铜液：取硫酸铜约 32.5g，加适量的盐酸溶液（1→40）使溶解成 500ml。精密量取 10ml，置碘瓶中，加水 50ml，醋酸 4ml 与碘化钾 2g，用硫代硫酸钠液（0.1mol/l）滴定，至近终点时，加淀粉指示液 2ml，继续滴定至蓝色消失。每毫升的硫代硫酸钠液（0.1mol/l）相当于 24.97mg 的 $CuSO_4 \cdot 5H_2O$。根据上述测定结果，在剩余的原溶液中加适量的盐酸溶液（1→40）使每毫升溶液中适含 62.4mg 的 $CuSO_4 \cdot 5H_2O$，即得。

（4）比色用氯化钴液：取氯化钴约 32.5g，加适量的盐酸溶液（1→40）使溶解成 500ml。精密量取 2ml，置锥形瓶中，加水 200ml，摇匀，加氨试液至溶液由浅红色转变至绿色后，加醋酸-醋酸钠缓冲液（pH6.0）10ml，加热至 60℃，再加二甲酚橙指示液 5 滴，用乙二胺四醋酸二钠液（0.05mol/l）滴定至溶液显黄色。每毫升的乙二胺四醋酸二钠液（0.05mol/l）相当于 11.9mg 原 $CoCl_2 \cdot 6H_2O$。根据上述测定结果，在剩余的原溶液中加适量的盐酸溶液（1→40）使每 1ml 溶液在适含 59.5mg 的 $CoCl_2 \cdot 6H_2O$，即得。

表4　贮备液表

色调	比色用氯化钴液/ml	比色用重铬酸钾液/ml	比色用硫酸铜液/ml	水/ml
黄　绿	1.2	22.8	7.2	68.8
黄	4.0	23.3	0	72.7
橙　黄	10.6	19.0	4.0	66.4
橙　红	12.0	20.0	0	68.0
棕　红	22.5	12.5	20.0	45.0

按表5精密量取各种色调的贮备液，加水稀释至10.0ml，即得黄绿色、黄色、橙黄色、橙红色或棕红色的1～10号标准比色液。

表5　1～10号比色液配制表

色号	1	2	3	4	5	6	7	8	9	10
贮备液/ml	0.5	1.0	1.5	2.0	2.5	3.0	4.5	6.0	7.5	10.0
加水量/ml	9.5	9.0	8.5	8.0	7.5	7.0	5.5	4.0	2.5	0

14　试液

乙醇制氢氧化钾试液：可取用乙醇制氢氧化钾液（0.5mol/l）。

三氧化二砷试液：取三氧化二砷15g，加盐酸125ml与水25ml，微热使溶解，即得。

三硝基苯酚试液：为三硝基本苯酚的饱和水溶液。

三氧化铁试液：取三氧化铁9g，加水使溶解成100ml，即得。

过氧化氢试液：取浓过氧化氢溶液（30%），加水稀释成3%的溶液，即得。

品红亚硫酸试液：取碱式品红0.2g，加热水100ml溶解后，放冷，加亚硫酸钠溶液（1→10）20ml，盐酸20ml用水稀释至200ml，加活性炭0.1g，搅拌并迅速滤过，放置1h以上，即得。注意该液应临用新制。

氢氧化钠试液：取氢氧化钠4.3g，加水使溶解成100ml，即得。

盐酸羟胺试液：取盐酸羟胺3.5g，加60%乙醇使溶解成100ml，即得。

草酸铵试液：取草酸铵10g，加水使溶解成100ml，即得。

酸铵试液：取草酸铵3.5g，加水使溶解成100ml，即得。

氨试液：取浓氨溶液400ml，加水使溶解成1000ml，即得。

氨制硝酸银试液：取硝酸银1g，加水20ml溶解后，滴加氨试液，随加随搅拌，至初起的沉淀将近全溶，过滤，即得。该液应置棕色瓶内，在暗处保存。

硝酸银试液：可取用硝酸银液（0.1mol/l）。

稀乙醇：取乙醇529ml，加水稀释至1000ml，即得。本液在20℃时含C_2H_5OH应为49.5%～50.5%（ml/ml）。

稀盐酸：取盐酸234ml，加水稀释至1000ml，即得。该液含HCl应为

9.5%～10.5%。

稀硫酸：取硫酸 57ml，加水稀释到 1000ml，即得。该液含 H_2SO_4 应为 9.5%～10.5%。

稀硝酸：取硝酸 105ml，加水为稀释至 1000ml，即得。该液含 HNO_3 应为 9.5%～10.5%。

稀醋酸：取冰醋酸 60ml，加水稀释至 1000ml，即得。

碘试液：可取用碘液（0.1mol/l）。

碘化钾试液：取碘化钾 16.5g，加水使溶解成 100ml，即得。该液应临用新制。

碱性β-萘酚试液：取β-萘酚 0.25g，加氢氧化钠溶液（1→10）10ml 使溶解，即得。该液应临用新制。

硬水：取无水氯化钙 0.304 克和带结晶水的氯化镁 0.139 克，加水使溶解成 1000ml，即得。

氯化钯显色液：取氯化钯 0.1g，加盐酸 1ml 溶解后，用 50%的乙醇稀释至 100ml，即得。

氯试液：氯的饱和水溶液。该液应临用新制。

氯化铵镁试液：取氯化镁 5.5g 与氯化铵 7g，加水 65ml 溶解后，加氨试液 35ml，置玻璃瓶内，放置数日后，过滤，即得。

15 试纸

红色石蕊试纸：取滤纸条浸入石蕊指示液中，加极少量的盐酸使成红色，取出，干燥，即得。

蓝色石蕊试纸：取滤纸条浸入石蕊指示液中，湿透后，取出，干燥，即得。

[检查]

灵敏度：取盐酸液（0.1mol/l）0.5ml，置烧杯中，加新沸过的冷水 100ml，混合后，投入 10～12mm 宽的蓝色石蕊试纸一条，不断搅拌，45s 内，试纸应即变色。

碘化钾淀粉试纸：取滤纸条浸入含有碘化钾 0.5g 的新制的淀粉指示液 100ml 中，湿透后，取出干燥，即得。

16 缓冲液

氨-氯化铵缓冲液（pH 8.0）：取氯化铵 1.07g，加水使溶解成 100ml，再加稀氨溶液（1→30）调节 pH 值至 8.0，即得。

氨-氯化铵缓冲液（pH 10.0）：取氯化铵 5.4g，加水 20ml 溶解后，加浓氨溶液 35ml，再加水稀释至 100ml，即得。

硼酸碳酸钠缓冲液（pH 10.8～11.2）：取无水碳酸钠 5.30g，加水使溶解成 1000ml；另取硼砂 1.91g，加水使溶解成 100ml。临用前取碳酸钠溶液 973ml 与硼砂溶液 27ml，混匀，即得。

硼砂氯化钾缓冲液（pH 9.0）：取硼酸 3.09g，加氯化钾液（0.1mol/l）500ml 使溶解，再加氢氧化钠液（0.1mol/l）210ml，即得。

醋酸-醋酸钠缓冲液（pH 3.6）：取醋酸钠 5.1g，加冰醋酸 20ml，再加水稀释至 250ml，即得。

醋酸-醋酸钠缓冲液（pH 3.7）：取无水醋酸钠 20g，加水 300ml 溶解后，加溴酚蓝指示液 1ml 及冰醋酸 60～80ml，至溶液从蓝色转变为纯绿色，再加水稀释至 1000ml，即得。

醋酸-醋酸钠缓冲液（pH 3.8）：取醋酸钠液（2mol/l）13ml 与醋酸液（2mol/l）87ml，加每毫升含铜 1mg 的硫酸铜溶液 0.5ml，再加水稀释至 1000ml，即得。

醋酸-醋酸钠缓冲液（pH 4.5）：取醋酸钠 18g，加冰醋酸 9.8ml，再加水稀释至 1000ml，即得。

醋酸-醋酸钠缓冲液（pH 6.0）：取醋酸钠 54.6g，加醋酸液（1mol/l）20ml 溶解后，加水稀释至 500ml，即得。

醋酸-醋酸钾缓冲液（pH 4.3）：取醋酸钾 14g，加冰醋酸 20.5ml，再加水稀释至 1000ml，即得。

醋酸-醋酸铵缓冲液（pH 4.5）：取醋酸铵 7.7g，加水 50ml 溶解后，加冰醋酸 6ml 与适量的水使成 100ml，即得。

醋酸-醋酸铵缓冲液（pH 6.0）：取醋酸铵 100g，加水 300ml 使溶解，加冰醋酸 7ml，摇匀，即得。

磷酸盐缓冲液（pH 5.8）：取磷酸二氢钾 8.34g 与磷酸氢二钾 0.87g，加水使溶解成 1000ml，即得。

磷酸盐缓冲液（pH 6.5）：取磷酸二氢钾 0.68g，加氢氧化钠液（0.1mol/l）15.2ml，用水稀释至 100ml，即得。

磷酸盐缓冲液（pH 6.6）：取磷酸二氢钠（$NaH_2PO_4 \cdot H_2O$）1.74g、磷酸氢二钠（$Na_2HPO_4 \cdot 12H_2O$）2.7g 与氯化钠 1.7g，加水使溶解成 400ml，即得。

磷酸盐缓冲液（pH 6.8）：取磷酸二氢钾 6.8g，加水 500ml 使溶解，用氢氧化钠液（0.1mol/l）调节 pH 值至 6.8；另取胰酶 10g，加水适量使溶解，将两液混合后，加水稀释至 1000ml，即得。

磷酸盐缓冲液（pH 7.0）：取磷酸二氢钾 0.68g，加氢氧化钠液（0.1mol/l）

29.1ml，用水稀释至100ml，即得。

磷酸盐缓冲液（pH 7.2）：取磷酸二氢钾液（0.2mol/l）50ml与氢氧化钠液（0.2mol/l）35ml加新沸过的冷水稀释至200ml，摇匀，即得。

磷酸盐缓冲液（pH 7.3）：取磷酸氢二钠（$Na_2HPO_4 \cdot 12H_2O$）1.9734g与磷酸二氢钾0.2245g，加水使溶解成1000ml，调节pH值至7.3，即得。

磷酸盐缓冲液（pH 7.4）：取磷酸二氢钾1.36g，加氢氧化钠液（0.1mol/l）79ml，用水稀释至200ml，即得。

磷酸盐缓冲液（pH 7.8～8.0）：取磷酸氢二钾5.59g与磷酸二氢钾0.41g，加水使溶解成1000ml，即得。

17 指示剂与指示液

甲基红-溴甲酚绿混合指示液：取0.1%甲基红的乙醇溶液20ml，加0.2%溴甲酚绿的乙醇溶液30ml，摇匀，即得。

甲基橙指示液：取甲基橙0.1g，加水100ml使溶解，即得。变色范围pH 3.2～4.4（红→黄）。

含锌碘化钾淀粉指示液：取水100ml，加碘化钾溶液（3→20）5ml与氯化锌溶液（1→5）10ml，煮沸，加淀粉混悬液（取马铃薯淀粉5g，加水30ml搅匀）制成，随加随搅拌，继续煮沸2 min，放冷，即得。该液应在凉处密闭保存。

酚酞指示液：取酚酞1g，加乙醇100ml使溶解，即得。变色范围为pH8.3～10.0（无色→红）。

淀粉指示液 取可溶性淀粉0.5g，加水5ml搅匀后，缓缓倾入100ml沸水中，随加随搅拌，继续煮沸2min，放冷，倾取上层清液，即得。该液应临用新制。

溴酚蓝指示液：取溴酚蓝0.1g，加氢氧化钠液（0.05mol/l）3.0ml使溶解，再加上水稀释至200ml，即得。

溴麝香草酚蓝指示液：取溴麝香草酚蓝0.1g，加氢氧化钠液（0.05mol/l）3.2ml使溶解，再加水稀释至200ml，即得。

变色范围为pH 6.0～7.6（黄→蓝）。

18 滴定液

18.1 乙醇制氢氧化钾液（0.5mol/l）

KOH＝56.11

28.06g—1000ml

［配制］

取氢氧化钾约35g，置锥形瓶中，加无醛乙醇适量使溶解并稀释成1000ml，用橡皮塞密塞，静置24h后，迅速倾取上清液，置具橡皮塞的棕色玻瓶中。

［标定］

精密量取盐酸液（0.5mol/l）25ml，加水50ml稀释后，加酚酞指示液数滴，用本液滴定。根据本液的消耗量，算出本液的浓度，即得。

本液临用前应标定浓度。

［贮藏］

置橡皮塞的棕色玻瓶中，密闭保存。

18.2 四苯硼钠液（0.02mol/l）

$$(C_6H_5)_4BNa = 342.22$$

$$6.845g \rightarrow 1000ml$$

［配制］

取四苯硼钠7.0g，加水50ml振摇使溶解，加入新配制的氢氧化铝凝胶（取三氯化铝1g，溶于25ml水中，在不断搅拌下缓缓滴加氢氧化钠试液至pH8～9），加氯化钠16.6g，充分搅匀；加水250ml，振摇15min，静置10min，过滤，滤液中滴加氢氧化钠试液至pH8～9，再加水稀释至1000ml，摇匀。

［标定］

精密量取本液10ml，加醋酸—醋酸钠缓冲液（pH3.7）10ml与溴酚蓝指示液0.5ml，用烃铵盐液（0.01mol/l）滴定至蓝色，并将滴定的结果用空白试验校正。根据烃铵盐液（0.1mol/l）的消耗量，算出本液的浓度，即得。

本液临用前应标定浓度。

如需用四苯硼钠液（0.01mol/l）时，可取四苯硼钠液（0.02mol/l），在临用前加水稀释制成。必要时标定浓度。

［贮藏］

置棕色玻瓶中，密闭保存。

18.3 亚硝酸钠液（0.1mol/l）

$$NaNO_2 = 69.00$$

$$6.900g \rightarrow 1000ml$$

［配制］

取亚硝酸钠约7.2g，加无水碳酸钠（Na_2CO_3）0.1g，加水适量使溶解成

1000ml，摇匀。

[标定]

取在120℃干燥至恒重的基准对氨基苯磺酸约0.5g，精密称定，加水30ml及浓氨试液3ml，溶解后，加盐酸（1→2）20ml，搅拌，在30℃以下用本液迅速滴定；滴定时将滴定管尖端插出液面下2～3处，随滴随搅拌，至近终点时，将滴定管尖端提出液面，用少量水洗涤尖端，洗液并入溶液中，继续缓缓滴定，用永停法（见本书第197页）指示终点，至电流计指针持续1min不回复，即得。每毫升的亚硝酸钠液（0.1mol/l）相当于17.32mg的对氨基苯磺酸。根据本液的消耗量与对氨基本苯磺酸的取用量，算出本液的浓度，即得。

如需用亚硝酸钠液（0.05mol/l）时，可取亚硝酸钠液（0.1mol/l）加水稀释制成，必要时标定浓度。

[贮藏]

置玻璃塞的棕色玻璃中，密闭保存。

18.4 氢氧化钠液（1mol/l、0.5mol/l、0.1mol/l）

NaOH＝40.00

40.009—1000ml（1mol/l）

20.00g—1000ml（0.5mol/l）

4.000g—1000ml（0.1mol/l）

[配制]

（1）取氢氧化钠适量，加水振摇使溶解成饱和溶液，冷却后，置聚乙烯塑料瓶中，静置数日，澄清后备用。

（2）氢氧化钠液（1mol/l）：取澄清的氢氧化钠饱和液56ml，加新沸过的冷水使成1000ml，摇匀。

（3）氢氧化钠液（0.5mol/l）：取澄清的氢氧化钠饱和液28ml，加新沸过的冷水使成1000ml。

（4）氢氧化钠液（0.1mol/l）：取澄清的氢氧化钠饱和液5.6ml，加新沸过的冷水使成1000ml。

[标定]

（1）氢氧化钠液（1mol/l）：取在105℃干燥至恒重的基准邻苯二甲酸氢钾约6g，精密称定，加新沸过的冷水50ml，振摇，使其尽量溶解；加酚酞指示液2滴，用本液滴定；在接近终点时应使邻苯二甲酸氢钾完全溶解，滴定至溶液显粉红色，即得。每毫升的氢氧化钠液（1mol/l）相当于204.2mg的邻苯二甲酸氯钾。根据本液的消耗量与邻苯二甲酸氢钾的取用量，算出本液的浓度，即得。

(2) 氢氧化钠液 (0.5mol/l)：取在105℃干燥至恒重的基准邻苯二甲酸氢钾3g，照上法标定。每毫升的氢氧化钠液 (0.5mol/l) 相当于102.1mg的邻苯二甲酸氢钾。

(3) 氢氧化钠液 (0.1mol/l)：取在105℃干燥至恒重的基准邻苯二甲酸氢钾约0.6g，照上法标定，每毫升的氢氧化钠液 (0.01mol/l) 相当于20.42mg的邻苯二甲酸氢钾。

如需用氢氧化钠液 (0.05mol/l、0.02mol/l、0.01mol/l) 时，可取氢氧化钠液 (0.1mol/l)，加新沸过的冷水稀释制成；必要时，可用盐酸液 (0.05mol/l、0.02mol/l或0.01mol/l) 标定浓度。

[贮藏]

置聚乙烯塑料瓶中，密封保存；塞中有2孔，孔内各插入玻璃管1支，1管与钠石灰管相连，1管供吸出本液使用。

18.5 重铬酸钾液 (0.01667mol/l)

$$K_2Cr_2O_7 = 294.18$$

$$4.903g \rightarrow 1000ml$$

[配制]

取基准重铬酸钾，在120℃干燥至恒重后，精密称取4.903g，置1000ml量瓶中，加水适量使溶解并稀释至刻度，摇匀，即得。

18.6 烃铵盐液 (0.01mol/l)

[配制]

取氯化二甲基苄基烃铵3.8g，加水溶解后，加醋酸-醋酸钠缓冲液 (pH3.7) 10ml，再加水稀释成1000ml，摇匀。

[标定]

取在150℃干燥1小时的分析纯氯化钾约0.18g，精密称定，置250ml量瓶中，加醋酸-醋酸钠缓冲液 (pH3.7) 使溶解并稀释至刻度，摇匀，精密量取20ml，置50ml量瓶中，精密加入四苯硼钠液 (0.02ml/l) 25ml，用水稀释至刻度，摇匀经干燥滤纸过滤，弃去初滤液，精密量取续滤液25ml，置150ml锥形瓶中，加溴酚蓝指示液0.5ml，用本液滴定至蓝色，并将滴定的结果用空白试验校正。每毫升的烃铵盐液 (0.01mol/l) 相当于0.7455mg的氯化钾。

18.7 盐酸液（1mol/l、0.5mol/l、0.2mol/l、0.1mol/l）

HCl＝36.46

36.46g→1000ml（1mol/l）

18.23g→1000ml（0.5mol/l）

7.29g→1000ml（0.2mol/l）

3.646g→1000ml（0.1mol/l）

［配制］

（1）盐酸液（1mol/l）：取盐酸约90ml，加水适量使成1000ml，摇匀。

（2）盐酸液（0.5mol/l、0.2mol/l、0.1mol/l）：照上法配制，但盐酸的取用量分别为45ml、18ml及9ml。

［标定］

（1）盐酸液（1mol/l）：取在270～300℃干燥至恒重的基准无水碳酸钠约1.5g，精密称定，加水50ml使溶解，加甲基红溴甲酚绿混合指示液10滴，用本液滴定至溶液由绿色转变为紫色时；煮沸2min，冷却至室温，继续滴定至溶液由绿色变为紫红色时；煮沸2min，冷却至室温，继续滴定至溶液由绿色变为暗紫色。每毫升的盐酸液（1mol/l）相当于53.00mg的无水碳酸钠。根据本液的消耗量与无水碳酸钠的取用量，算出本液的浓度，即得。

（2）盐酸液（0.5mol/l）：照上法标定，但基准无水碳酸钠的取用量改为0.8g。每毫升的盐酸液（0.5mol/l）相当于26.5mg的无水碳酸钠。

（3）盐酸液（0.2mol/l）：照上法标定，但基准无水碳酸钠的取用量改为0.3g。每毫升的盐酸液（0.2mol/l）相当于10.60mg的无水碳酸钠。

（4）盐酸液（0.1mol/l）：照上法标定，但基准无水碳酸钠的取用量改为0.15g。每毫升的盐酸液（0.1mol/l）相当于5.30mg的无水碳酸钠。

如需用盐酸液（0.05mol/l、0.02mol/l、0.01mol/l）时，可取盐酸液（1mol/l或0.1mol/l）加水稀释制成，必要时标定浓度。

18.8 硫酸液（0.5mol/l、0.25mol/l、0.1mol/l、0.05mol/l）

H_2SO_4＝98.07

49.04g→1000ml（0.5mol/l）

24.52g→1000ml（0.25mol/l）

9.81g→1000ml（0.1mol/l）

4.904g→1000ml（0.05mol/l）

［配制］

（1）硫酸液（0.5mol/l）：取硫酸30ml，缓缓注入适量水中，冷却至室温，加水稀释至1000ml，摇匀。

（2）硫酸液（0.25mol/l、0.1mol/l、0.05mol/l）：照上法配制，但硫酸的取用量分别为15ml、6ml及3ml。

［标定］

照盐酸液（1mol/l、0.5mol/l、0.2mol/l、0.1mol/l、）项下的方法标定，即得。

如需用硫酸液（0.01mol/l）时，可取硫酸液（0.5mol/l、0.1mol/l或0.05mol/l）加水稀释制成，必要时标定浓度。

18.9 碘液（0.1mol/l）

I=126.90

12.69g→1000ml

［配制］

取碘13.0g，加碘化钾36g与水50ml溶解后，加盐酸3滴与水适量使成1000ml，摇匀，用垂熔玻璃滤器过滤。

［标定］

取在105℃干燥至恒重的基准三氧化二砷约0.15g，精密称定，加氢氧化钠液（1mol/l）10ml微热使溶解，加水20ml与甲基橙指示液1滴，加硫酸液（0.5mol/l）适量使黄色转变为粉红色，再加碳酸氢钠2g、水50ml与淀粉指示液2ml，用本液滴定至溶液显浅蓝紫色。每毫升的碘液（0.1mol/l）相当于4.94mg的三氧化二砷。根据本液的消耗量与三氧化二砷的取用量，算出本液的浓度，即得。

如需用碘液（0.05mol/l）时，可取碘液（0.1mol/l）加水稀释制成。

［贮藏］

置玻璃塞的棕色玻瓶中，密闭，在凉处保存。

18.10 溴液（0.1mol/l）

Br=79.90

7.990g→1000ml

［配制］

取溴酸钾3g与溴化钾15g，加水适量使溶解成1000ml，摇匀。

［标定］

精密量取本液25ml，置碘瓶中，加水100ml与碘化钾2g，振摇使溶解，加盐酸5ml，密塞、振摇，在暗处放置5min，用硫代硫酸钠液（0.1mol/l）滴定至年终点时，加淀粉指示液2ml，继续滴定至蓝色消失。根据硫代硫酸钠液（0.1mol/l）的消耗量，算出本液的浓度，即得。

室温在25℃以上时，应将反应液降温至约20℃。本液每次临用前均应标定浓度。

如需用溴液（0.01mol/l）时，可取溴液（0.1mol/l）加水稀释制成，并标定浓度。

［贮藏］

置玻璃塞的棕色玻瓶中，密闭，在凉处保存。

18.11 溴酸钾液（0.01667mol/l）

$$KBrO_3 = 167.00$$

$$2.784g \rightarrow 1000ml$$

［配制］

取溴酸钾2.8g，加水适量使溶解成1000ml，摇匀。

［标定］

精密量取本液25ml，置碘瓶中，加碘化钾2g与稀硫酸5ml，密塞，摇匀，在间处放置5min后，加水100ml稀释，用硫代硫酸钠液（0.1mol/l）滴定至近终点时，加淀粉指示液2ml，继续滴定至蓝色消失。根据硫代硫酸钠液（0.1mol/l）的消耗量，算出本液的浓度，即得。

室温在25℃以上时，应将反应液及稀释用水降温至约20℃。

18.12 硫代硫酸钠液（0.1mol/l）

$$Na_2S_2O_3 \cdot 5H_2O = 248.17$$

$$24.82g \rightarrow 1000ml$$

［配制］

取硫代硫酸钠约26g与无水碳酸钠（Na_2CO_3）0.2g，加新沸过的冷水适量使溶解成1000ml，摇匀，放置1个月后滤过。

［标定］

取在120℃干燥至恒重的基准重铬酸钾0.15g，精密称定，置碘瓶中，加水50ml使溶解，加碘化钾2g，轻轻振摇使溶解，加稀硫酸40ml，摇匀，密塞；在暗处放置10min后，用水250ml稀释，用本液滴定至近终点时，加淀粉指示液3ml，继续滴定至蓝色消失而显亮绿色，并将滴定的结果用空白试验校正。每1ml的硫代硫酸钠液（0.1mol/l）相当于4.903mg的重铬酸钾。根据本液的消耗量与重铬酸钾的取用量，算出本液的浓度，即得。

室温在25℃以上时，应将反应液及稀释用水降温至约20℃。

如需用硫代硫酸钠液（0.01mol/l或0.005mol/l）时，可取硫代硫酸钠液（0.1mol/l）在临用前加新沸过的冷水稀释制成。

参 考 文 献

陈正余．2010. 规范化栽桑　省力化养蚕配套技术．香港：中国国际文化出版社．
华德公，胡必利．1999. 蚕病图鉴与防治要法．赤峰：内蒙古科技出版社．
华德公，胡必利．2006. 图说蚕桑病虫害防治．北京：金盾出版社．
苏州蚕桑专科学校．1980. 桑树栽培与育种学．北京：中国农业出版社．
浙江农业大学．1999. 家蚕良种繁育与育种学．北京：中国农业出版社．
中国农业科学院蚕业研究所．1985. 中国桑树栽培学．上海：上海科学技术出版社．
中国农业科学院蚕业研究所．1991. 中国养蚕学．上海：上海科学技术出版社．
中国农业科学院蚕业研究所．2006. 商务部“东桑西移”工程蚕桑基地项目建设技术规范参考指南．内部资料．

“21世纪科技与社会发展丛书”

第一辑书目

《国家创新能力测度方法及其应用》
《社会知识活动系统中的技术中介》
《软件产业发展模式研究》
《软件服务外包与软件企业成长》
《追赶战略下后发国家制造业的技术能力提升》
《城市科技体制机制创新》
《休闲经济学》
《科技国际化的理论与战略》
《创新型企业及其成长》
《劳动力市场性别歧视与社会性别排斥》
《开放式自主创新系统理论及其应用》

第二辑书目

《证券公司内部控制论》
《入世后中国保险业竞争力评价与对策》
《服务外包系统管理》
《高学历科技人力资源流动研究》
《国防科技资源利用与西部城镇化建设》
《风险投资理论与制度设计研究》
《中国金融自由化进程中的安全预警研究》
《中国西部区域发展路径——层级增长极网络化发展模式》
《中国西部生态环境安全风险防范法律制度研究》
《科技税收优惠与纳税筹划》

第三辑书目

《大学-企业知识联盟的理论与实证研究》
《网格资源的经济配置模型》
《生态城市前沿探索——可持续发展的大连模式》
《财政分权与中国经济增长关系研究》
《科技企业跨国并购规制与实务》
《高新技术产业化理论与实践》
《政府研发投入绩效》
《不同尺度空间发展区划的理论与实证》
《面向全球产业价值链的中国制造业升级》
《地理学视角的人居环境》
《科技型中小企业资本结构决策与融资服务体系》

第四辑书目

《工程项目控制与协调研究》
《国有企业经营者激励与监督机制》
《行风评议：理论、实践与创新》
《陕西关中传统民居建筑与居住民俗文化》
《知识型人力资本胜任力研究》

第五辑书目

《中国居民消费需求变迁及影响因素研究》
《沿海经济带建设的法律视域》
《典型海岛生态安全体系研究》
《老工业基地振兴中的新型技术改造战略》
《辽宁老工业基地振兴绩效与战略升级》
《行业划转院校发展战略研究》
《区域创新与生态效率革命》
《中国科技崛起的人才优势》